在不安的世界里
安之若素

张丽莹 编著

南京出版传媒集团
南京出版社

图书在版编目（CIP）数据

在不安的世界里，安之若素 / 张丽莹编著．—南京：南京出版社，2018.1

ISBN 978-7-5533-2033-5

Ⅰ．①在…　Ⅱ．①张…　Ⅲ．①人生哲学-通俗读物　Ⅳ．①B821-49

中国版本图书馆CIP数据核字（2017）第292842号

书　　名：在不安的世界里，安之若素
作　　者：张丽莹
出版发行：南京出版传媒集团
南　京　出　版　社
社　　址：南京市太平门街53号　**邮　　编**：210016
网　　址：http://www.njcbs.cn　**电子信箱**：njcbs1988@163.com
天猫1店：https://njcbcmjtts.tmall.com/　**天猫2店**：https://nanjingchubanshets.tmall.com/
联系电话：025-83283893、83283864（营销）025-83112257（编务）

出 版 人：朱同芳
出 品 人：卢海鸣
责任编辑：金　欣
装帧设计：罗　雷
责任印制：杨福彬

策　　划：日知图书（www.rzbook.com）
印　　刷：北京佳诚信缘彩印有限公司
开　　本：787毫米×1092毫米　1/32
印　　张：4
字　　数：100千字
版　　次：2018年1月第1版
印　　次：2018年1月第1次印刷
书　　号：ISBN 978-7-5533-2033-5
定　　价：16.80元

营销分类：励志

前言
Foreword

“从明天起，做一个幸福的人

喂马，劈柴，周游世界

从明天起，关心粮食和蔬菜

我有一所房子，面朝大海，春暖花开……”

曾几何时，著名诗人海子的这几句诗为所有心怀忧伤与浪漫的人，描绘了一幅幸福的人生美景。这人生美景是那样悠然、惬意、自由，既有着喂马、劈柴、粮食、蔬菜的平淡从容，岁月静好，又有着纵马周游世界的疏狂和恣意，最后还要回归到广袤悠远的大海边，在宁静的孤独中，拥抱春暖花开……

令人遗憾的是，诗人所设的前提却蕴含着深深的隐痛和悲哀：从明天起。

为什么？

因为尘世的桎梏与羁绊，不是那样容易去超脱的，所以只能从明天起；

因为你我皆凡人，七情六欲在所难免，面朝大海也未必胸怀豁达，所以只能从明天起；

因为世界那么大，谁都想去看看，但是要先拥有一匹马；

因为粮食、蔬菜和房子，永远难以不劳而获；

因为四季除了春天，还有秋冬，花草既有盛开，就必有衰败；

因为……

“因为”似乎很多，“所以”却只有一个：幸福不是那么容易。

虽然不容易，我们每一个人依然在孜孜不倦地追求，争取用今天的努力去换取明日的幸福。

只是，在这起伏不定的十丈红尘，在这纷纭万变的世界里，许多人渐渐被迷了眼，继而迷了路，继而迷失了心，纵然幸福近在咫尺，亦被一叶障目，只知惶惶然去追寻。再然后，一切便陷入了无限死循环，愈是求而不得愈是苦苦追寻，愈是追寻愈是远离了初衷，愈是追寻愈是惶惶不安……

从始至终，世界都是那个世界，人群熙熙攘攘，俗事琐碎繁杂，既有柴米油盐的单调乏味，又有风花雪月的诗情；既有功名利禄、愚昧贪婪等种种诱惑，又有爱、奉献等诸多温情。

而置身于其中的我们，是为了那些阴暗和不如意去烦躁、愤怒、忧伤、痛苦，还是细细品味那些灿烂与美好并为之露出笑容，唯心而已。

如果说非宁静无以致远，那么非心安难以幸福。所有为人处世的智慧，那些所谓的勇敢、淡定、宽恕、难得糊涂……真的不是最重要的，因为我们每阅读一本书，行一段路，在他人的故事里流一次自己的泪，都是为了让心平静下来。

然后，我们才可以在人生的一切甘与苦中品出真味，才可以在这风云变幻的世界里，安之若素。

目录
Contents

Part 04 乐活人生要懂得放松 / 59

Part 05 有人爱，我们才不孤独 / 83

Part 06 幸福的日子，你可以拥有 / 99

Part 01

不折腾，生活也照样多彩

如果生命是一棵大树，那么健康、乐观、友善、宽容便是阳光。正是因为有了这些阳光的照耀，生命之树才能够枝繁叶茂、茁壮成长，才能开出美丽的花，结出漂亮的果。

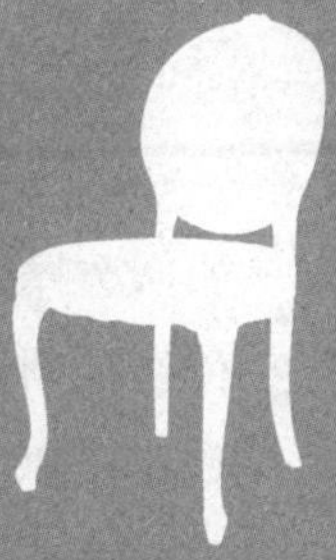

01

有健康，才有乐活

身体是革命的本钱，这句众所周知的名人名言，完全可以延伸至人生的多个领域：身体是成功的本钱，身体是快乐的本钱……总之，无论做什么，离不了“健康”二字，身体越强壮的人，本钱才越多。想要拥有乐活人生，我们尤其要珍之重之的就是青春与健康，唯有它们一旦失去，便再也无可挽回。

有这样一个传说，说是很久以前，有一位男子在回家的路上偶遇了三个鹤发童颜的神仙，他们告诉他，因为有缘，他可以选择带他们中的一位回家，而他们的名字分别是健康、成功和快乐。

男子一时踌躇，不知该如何选择，便请求道：“我能回家和家人商量一下吗？”三位神仙同意了，便和男子一起回家，并在其家门外等候。

男子和家人说完情况后，大家的意见并不统一。妻子觉得应该请快乐神进来，这样一家人就能永远欢欢喜喜。男子则认为应该请成功神进门，因为如果有了成功，自然也就不欠缺财富和快乐。两人争论了一番，谁也说服不了谁，而这时候，一旁倾听的女儿忽然说道："为什么我们不请健康神呢？只有我们身体健康，才能努力，才能享受生活啊！"

夫妻俩沉默了一会，都觉得女儿说得有理，身体健康、无病无痛的确比什么都重要。于是男子来到门外，恭恭敬敬地请求健康神进屋做客，却没有想到，另两位神仙也紧随其后走进了他家。

一家人都很诧异，忙询问其中缘由，而成功神和快乐神则笑着解释："无论健康神去哪里，我们都会跟到哪里，因为我们一旦离开他，就会失去活力和生命力！"

拥有健康，才有资本去努力，去创造财富，赢得成功。拥有健康，才能够享受财富和成功，才能快乐得起来。

若不然，一个人累死累活地打拼、奋斗，不理睬身体的承受力，只顾向着目标、向着梦想勇猛冲锋，忽然间病来如山倒，岂不要应了那句"出师未捷身先死，长使英雄泪满襟"？

如果这时他已在披荆斩棘后采摘到胜利果实，那就更亏了，辛辛苦苦那么久，却因为"肠胃不好"吃不得，吃了也消化不了，真是怎么想都不甘不愿不瞑目。

好吧，这些个道理，其实每个人都懂。

可惜"懂得"从来不等于"做得"，尤其许多年轻人，不只是做不得，也说不得——说来说去都是老生常谈，谁耐烦听。

为什么？因为年轻啊！年轻多好，身强体壮，健步如飞，不论打球跑步，还是熬夜费神，那都不是事。就算这具躯体不是钢筋铁骨，也正是如日中天的时候，抵抗力超强，不怎么生病，生病了也是小病，感个冒发个烧连药都不用吃，洗洗睡了，过个几天就生龙活虎。

所以，前30年拿命挣钱，后30年拿钱买命，这笔怎么算都不划算的买卖，大多数人都在干，而这没什么好大惊小怪的，要知道年轻身体的自我修复能力的确不是夸口，基本看不出后继无力的迹象。更何况，很多人以为，前30年的时候，谁知道后30年的事啊，先把眼前周全了再说。

于是，不可否认，对于不少年轻人来说，健康和青春一样，在着的时候不觉得，觉得的时候它已嘶嘶溜走。而那时候，肠子悔青了也难以补救了，只能今天一堆药丸子、明天一趟医院地折腾着。

也许有人会对此大呼冤枉：不挣钱，生存的压力怎么办；不奋斗，理想啊梦想啊怎么办；现代都市节奏快啊，生活没那么多选择啊，吃得苦中苦方为人上人啊……

在美国，有一个出身贫寒的清洁工，以她的经历向人们证实了，成功真的不需要以健康去换取，生活的改变也很可能只源于一次意外的选择。

她叫卡特莉娜·弗雷德，家境清贫，为了补贴家用，在高中毕业后就早早地进入社会打工。因为学历不高，因为她的右眼从小就有严重的视力问题，很多公司都拒绝接受她这样的员工，屡次求职失败后，她只能从事一些最简单的体力劳动：白天，她在一家超市担任收银员；下午4点至凌晨，她便在一所学校负责清扫厕所的工作。

高强度的体力劳动，长时间缺乏睡眠，加上因收入微薄而引起的焦虑、情绪，卡特莉娜的身体每况愈下，虽然没有犯上大病，可是颈椎和腰椎的劳损，以及由此导致的头痛、恶心，着实是一种难以忍受的折磨。反正，20多岁的她，身体素质还不如许多老人。

卡特莉娜知道，不能再这样下去了，尽管生活艰难，却不能拿健康做赌注。她咬咬牙，辞去了白天那份收银员工作，并且第一次走进了健身房，开始锻炼身体。

任何目标的达成都不容易，卡特莉娜要用健身来恢复健康状况，无疑需要很大的毅力去坚持。从前不曾锻炼的她，刚开始训练时，常常觉得肌肉酸痛，疲倦无力，何况她每晚都要工作到凌晨。

然而，吃够了身体虚弱的苦，烦透了小病不断的折磨，卡特莉娜不想坚持也必须坚持，哪怕累死累活地运动了一个月，根本没感觉到明显的效果。

当然，慢慢地，效果显现了，她的改变越来越大：摆脱亚健康带来的是脚步轻盈，心情愉悦；长期健身令身材日益完美，美腿翘臀，吸引无数目光；她自信了，美丽了，有气质了……站在大街上，哪里还像三年前的那个相貌普通、为生活而郁闷的厕所清洁工，绝对是美女一枚。

2015年，她参加了全美IFBB（国际健美健身联合会）的比赛，并获得了亚军。不久，又签约全球知名健身网站Body Building，担任该网站2016年的比基尼模特。然后，登上杂志封面，接受记者采访，做广告代言……一切都像连锁反应，健身带来健康，健康带来美丽，美丽带来机会，机会带来成功。

诚然，快乐趁年轻，奋斗趁年轻，在这人生最宝贵的时光中，我们应该随心所欲、潇潇洒洒地活，在这人生负累最轻的年月，我们应该纵情恣意、尽情享受、努力创造，不然岂不少了经历，少了回忆，浪费了大好年华？但这并不意味着要以牺牲健康作为前提。

而且，快乐和健康，本来就存在着相辅相成的关系。

健康影响情绪，其实真的无须长篇累牍地赘述。不管哪个人，身体不舒服时，很容易就觉得全身上下都不舒服，或者伤春悲秋、郁结于心如鼎鼎大名的林黛玉，或者看谁谁不顺眼，一点小事就大动肝火，不发火也有一口气在心里憋着，憋得眼睛里的天空都昏暗无光。总之，不舒服得越严重，快乐就打折得越多。

反过来，医学家也证明了，情绪无时无刻不影响着我们的身体状况：怒气伤肝，恐慌伤肾，悲苦伤肺，忧思伤脾……一般情况下很难察觉，毕竟一时一次的影响是比较微小的，可经年累月，一点一点地损伤下来，等到心肝脾肺肾都不堪承受的时候，健康已经远走高飞了。

斯威夫特曾说："人世间最好的医生是，节制饮食，心平气和以及心情愉快。"在这三条关键因素里，有两条是和情绪有关的。可见，健康的身体带来快乐的心情，快乐生活也促进着健康的和谐，而这一切，都要从年轻时开始。

幸好，幸好我们还年轻，一切都来得及。

心灵感悟

快乐与健康相辅相成，从今天开始抛弃不良的生活习惯，让健康带来快乐的心情和健美的体魄；反过来，快乐、乐观的生活方式也能够促进健康的和谐。

保持适度，别做“瘾”君子

凡事需有度，所有过度的欲望和过度的行为，都会造成结果与愿望的偏离，甚至是生命中不能承受之重。懂得适可而止、过犹不及的人生智慧，学会克制自己，把握好为人处事的度，是我们从容生活所必须具备的一种涵养。从现在起，节制多一点，将来的懊悔也会少一点。

有个作者写过这样一段话：“上帝是个中庸者，他不允许任何事物无节制地生长。所以激情澎湃时，请注意那当头棒喝。”

虽然不是所有人都信奉上帝，但若将这个理念放在宇宙大局上，放在天地间的能量平衡或不可过度耗损资源等方面来讨论，想来十个人里有九个人都是会高举双手同意的。

不过，如果有人来告诫年轻的我们，要中庸，要收敛澎湃的激情，恐怕情况就恰恰相反了，十个人里可能有九个人会心存疑虑，还有一个则是大声问出十万个为什么。

不是说年轻人就是要充满活力、保持激情吗？不是说年轻人切忌随波逐流、圆滑世故吗？失了锐气，不能随心所欲，哪里还对得起“年轻”这两个字？中庸？中庸是中年人才干的事吧？！

的确，很多人也许要活至中年，或者经历了世事的风霜雨雪，才能渐渐明白，人活一世，为人要懂得控制自己、节制欲望，处事要懂得保持适度、不走极端。于是，看起来，中庸和年轻是很难挂钩的，因为年轻人的阅历还不足以支撑起这些——由千千万万“老”人总结出来的人生教条。

可纵然如此，为了少一点头破血流的磨难，为了避免在年轻时挥霍无度、回过头时才懊悔“原来如此”，我们只能收起叛逆之心，尽量去学，去体味，有一种人性之美叫节制，有一种人生智慧叫适度。

美国船王哈利就曾经给儿子上了一堂生动的“节制”课。

他告诉小哈利，在小哈利23岁的时候，他就会将公司的财政大权交出来，然而，出乎所有人意料的是，在小哈利23岁生日的这一天，他竟将儿子带进了赌场。

老哈利拿了2000美元给小哈利，让他去学习牌桌上的伎俩，并反复叮嘱他无论如何不能将钱输光，至少要留下500美元。

对于父亲的不放心，小哈利不以为然，认为赢钱不容易，留下一些还不容易吗？他自信满满地上了赌桌……然后，结果显而易见，年轻的他很快就忘了父亲的叮嘱，不知不觉就输得分文不剩！

走出赌场，小哈利沮丧地跟父亲交代，说他没想到会输得这么惨，因为最后几把他的手气明明好起来了，如果不是怎样怎样，他肯定就赚了。

老哈利对此没说什么，继续给儿子留下任务：小哈利要再去赌场，但是本钱得他自己去挣。

于是，小哈利打了一个月的工，再次来到赌场。他给自己定下的规矩是，不管手气好坏，至少要留下一半的钱。

虽然这一次，他并没有忘记要及时离场，可那一刻，他觉得无形中像有一只手拉着他，让他抽身不得。一局又一局，他期望着大获全胜……直到他输光了所有。

小哈利倍受打击，他觉得自己的性格注定了他只能是输家，他对父亲说再也不想去赌场了。老哈利告诉儿子，赌场是世上博弈最激烈、最残酷的地方，而人生也像赌场一样，所以，他一定要学会在赌场上做一个赢家。

小哈利只好再去打工挣本钱，半年后，他第三次走进赌场。这一次，他吸取教训，学会了控制自己，在输到一半的时候，毅然停了手。

自此，小哈利每次去赌场，都会在输掉10%时坚决离场。终于有一次，掌握了一定技巧的他开始赢钱了。

这时，一直在一旁观看的老哈利提醒他，应该见好就收，马上离开。可是，小哈利根本舍不得走，他越赢越兴奋，谁知就两把牌下来，他又输了个精光。

“你以为你走进赌场，是为了赢谁？你是要先赢你自己！控制住你自己，你才能做天下真正的赢家。”老哈利对小哈利说。

如此又过了一年，小哈利终于学会了控制自己，不管是输到10%，还是赢至10%，他都会及时离场，绝不纠缠。而老哈利对儿子的成长欣慰不已，毅然决定将上百亿的公司财政大权交给他。

小哈利对父亲的决定吃惊不已，要知道他对公司的业务并不熟悉。老哈利却说：“业务是次要的。世上多少人失败，不是因为不懂业务，而是控制不了自己的情绪和欲望啊！”

由赌推及其他，其实每个人在一生中，在生活的方方面面，无不面临着与种种欲望的角力，金钱欲，权力欲，食欲，性欲，工作欲……换算成现代常用词汇，则是各种“瘾”：烟瘾，酒瘾，零食瘾，游戏瘾，手机瘾，熬夜瘾等等。

能称之为“瘾”的，显然是一种过度的、超出了身体承受力或生活承受力的行为，对于它日复一日延伸下去的弊端，就算我们在今天还没有切身体会，也被无数百度新闻啊、心灵鸡汤文啊教导得再明白不过了。

可是，“瘾君子”们总是说：上了瘾了，戒不掉啊；不过过瘾，好难受啊；再等等吧，回头一定改……最后则破罐子破摔地道：我年轻，我愿意，我碍着谁了？

当然没碍着谁，只碍着了自己的健康、时间、精力，甚至未来的成功，以及美好生活。

谁也不能否认，年轻是一种资本，随心所欲、恣意张扬也是年轻的一种魅力，然而，如果不知节制地耗损这种资本、显摆这种魅力，其结果怕是不仅折腾了我们的青春，也妨碍了日后的如意。

所以，无论何时何地，为了何事，当我们激情澎湃时，请注意那当头棒喝吧！

心灵感悟

有时候我们会被“完美”所蒙蔽，以为只有“完美无缺”才能够快乐，其实大可不必，有的时候不足也是你的人生财富，学会节制，把握出现的机会，最终总会走向人生巅峰。

小心在“傲娇”的阴沟里翻船

今时今日，“傲娇”范儿在言情系影视作品中很流行，不少少男少女也跟风，在生活中摆出一副“我最高贵我最酷帅”的样子，似乎这样才觉得自己像一个时尚青年。

可别东施效颦邯郸学步依葫芦画瓢了！要知道，傲娇的姿态可能严重影响了你在他人眼中的形象，令他人反感的同时也破坏了自己的好人缘。

傲娇，是当下年轻人的时尚用词之一。

年轻人以外，初次看到它，可能还会认为是不小心把“骄傲”两个字打错了。然后，恐怕要在少年青年斜睨着眼睛看过后，才揣着满腹疑惑地小心翼翼地拿起手机去百度求助：啊，原来如此，这竟是个褒贬不一的复杂语汇。在相当一部分年轻人眼里，它包含了骄傲和娇萌的双重属性，单纯骄傲的人当然是人皆厌之，然而傲娇的人却是有着让人又爱又恨恨完了又舍

不得不爱的魅力。

这种萌属性的解读方式，显然不符合老一辈人的思维逻辑和浪漫追求，而事实也的确如此：它发源于日本1997年推出的一款美少女游戏，推广领域是日本的漫画和青春爱情剧。紧接着，它便像一阵龙卷风席卷了恋爱中少男少女的心，简直已发展成为“不傲娇不爱情”！

为什么对傲娇恋人的魅力无可抵挡?

美国有一位叫阿伦森的社会心理学家，曾做过一个实验可以对此做出解释：

他选了80名大学生，将他们分成4组，每组人都有7次机会听到某位同学说出事先安排好的对他们的评价。他将第一组人安排为贬抑组，在7次评价中，都只说被测试的人的缺点而不说优点；第二组为褒扬组，只说优点不说缺点；第三组为先褒后贬组，即前4次说优点，后3次说缺点；第四组为先贬后褒组，即前4次说缺点，后3次说优点。

实验结束后，绝大部分人都表示，最喜欢第四组的评价，而最反感第三组。

这就是心理学上著名的阿伦森效应，它表明人们普遍喜欢那些对自己的褒奖和赞扬逐渐增多的人，不喜欢别人对自己的赞美逐渐减少。

正是有阿伦森的这一学说打底，美国的另两位心理学家阿隆索与琳达女士在研究两性之间的亲密关系时，铺陈开了“傲娇恋人所向披靡”的结论：人们在与一直有好感、一直反感、一开始有好感后来反感、一开始反感后来有好感这四类异性接触时，大部分人钟情于最后一种，也就是说红男绿女们喜欢刚开始冷淡后来才温柔热情的恋人！

这真是一种“匪夷所思”的爱情心理，难怪如今的青春影视剧里，那些痴情的包容的都是男配女配，而作为主角的男神狂霸拽得简直欠揍，女神则一律女王范儿十足！

问题是，现实里的傲娇并没有漫画、小说、影视中那么可爱，一不小心就演绎成了“骄傲”，或者装模作样，或者自以为是，或者狗眼看人低……也许在某个异性眼里你很有个人特色，但你的生活只剩下他了吗？傲娇很有可能会招来其他人的厌恶。

试想想，生活中，无论是和同学、同事、朋友、恋人或只是一个陌生人相处，谁又愿意一直被冷冰冰的对待，然后偶尔抽风似的跟你撒娇卖萌？随便说几句话，对方就舌头长刺口水含毒将你噎得心慌气短，你还没缓过来呢，对方又嗲着声音嬉皮笑脸地缠上来了。

一次受得了，次次受得了吗？今天有耐心等待那温柔的转变，天长日久也有耐心吗？

总而言之，从“骄傲”到“傲娇”的转变，着实算不上是一种进步，两者其实大同小异。虽然有着傲娇属性的人未必像骄傲的人那样自大和轻视他人，他们也许只是希望以强硬高傲的表象来掩饰内心的怯懦与羞涩，或者像小孩子一样，希望用坏脾气来吸引他人的注意力，但不得不说，从外表看上去，两者同样是一副不可一世的样子，令身边的人敬而远之。

还是趁早向傲娇说一声拜拜吧，小心你还没来得及瞅着机会“娇”一下，别人就已经被你的“傲”打败了。

心灵感悟

用豁达的心面对世界，相信我们的心是坚强自信的；用仁爱的心去面对他人，相信别人的心是脆弱敏感的。只有相互体谅，人与人之间的感情和缘分才能长长久久。

时间很公平，用在这里就少了那里

你是否还记得，曾经有过怎样的梦想？而如今，你的业余时间在做什么，是否与那个美好的梦相关？这个世界也许不曾绝对公平，但对于每个人来说，时间是公平的，舍与得的法则是公平的。

无论你对人生的期望，是事业的成功，或家庭的幸福，或个人的修身养性，或别的什么，你的时间付出在哪里，就会在哪里拥抱收获。

近两年，有一个80后小伙子的名字频频出现在世界人民的视线中。虽然他的名字非常普通，虽然还有很多人不曾关注他，虽然他赖以成功的技艺初听上去实在没什么稀奇，但他确实凭借着自己的业余爱好走向了世界。

他叫刘通，他擅长的是“折纸”。

折纸，对于孩子们来说，着实是颇为寻常的消遣娱乐。谁没折过纸飞机呢？那些心灵手巧的女孩还常常能折出各种花样。然而，大多数人可能都难以想象，一个工作后的成年男性竟会喜欢折纸，而且在下班后关起门来一个人折腾，最后甚至辞去工作专营此业。

据刘通所说，他爱上折纸这件事，是在2006年留学德国的时候，有一次，他乘坐公交车时，无意中看到一个人用纸折了一朵玫瑰花，他当时就对折纸产生了浓厚的兴趣。直到他毕业回国，在中国人民大学担任了讲师，仍对那一幕念念不忘，兴趣不减反增。

自此，工作之外的大部分时间，他就跟折纸耗上了。买书，上网，查资料，反复练习，将一张纸折腾来折腾去，直到蹂躏到“惨不忍睹”的地步，然后换一张重新折腾……

任何技艺的学习，完全凭借自学，当然是很费时费力的，但刘通一直没有放弃，因为折纸对于他来说，并不只是他想挑战成功的一项事业，也是他发自内心热爱的娱乐活动。他享受着折纸的过程，也享受着用简单的一张白纸变幻出各种作品的快乐。

到了后来，刘通不再满足于那些简单的花朵、动物或图形作品，开始向一些“大制作”挑战。这个过程更为费时费力，因为每一件大作品，不仅需要各种关于折纸的知识和技巧，还需要运用到数学上的精密计算与推演，“必须思虑全面，不能有丝毫误差，因为只能‘一次成形’”。

好在功夫不负有心人，在近十年的摸索和实践后，他的折纸技艺越来越娴熟，名声也越来越响亮。2014年世界和平节，他的一纸《青花瓶》被作为中国赠送给加蓬共和国的国礼，以庆祝中加建交40周年。而令人难以想象的是，这一展示了中国文化和智慧的杰作，看上去仿佛只是简简单单一只花瓶，却经历了一百多次失败、耗费了近一千张纸才完成。

时至今日，他已有许多作品被作为国礼送出或被收藏：2015年世界和平节，作品《鼎·礼》被作为国礼赠送给日本的驻华大使；2016年，作品《和》作为国礼，赠送给马尔代夫总统……同时，他也赢得了诸多荣誉：中国折纸第一人，中国唯一一位折纸国礼设计师，米兰世博会中国特约设计师，西班牙折纸协会杂志特约撰稿人……

因为喜爱，刘通几乎将全部的业余时间和心思都花在了折纸事业上。折纸于他来说从来不是“不务正业”，而是一门需要用脑的精密技术、需要用心的艺术，故而他才能完成一件件惟妙惟肖、令人叹为观止的杰作，才能水到渠成地收获这一切。

十年磨一剑，功到自然成，刘通和他的折纸事业可谓是对此做出了完美演绎。

对照刘通，以及古往今来那些争分夺秒以完善自我、追逐梦想的人，看看周围的众生百态，再想想我们自身，年轻的我们今天在做什么？是否也同样珍惜着宝贵的时间？还是仍然浑浑噩噩地过着日子，不知此生何去何从，甚至根本不在乎何去何从？

多少人，在学校里读书不求甚解，只求混一张文凭；多少人，在工作岗位上，不求有功但求无过；多少人在年轻力壮、耳聪目明的大好年华，抱着手机游戏或肥皂剧一天挨一天……

在这世上，没有任何成就是轻轻松松就能完成的，想要收获，就要先付出时间，付出努力。不说头悬梁锥刺股吧，至少不应虚度光阴，浪费拥有的大好资源，却在将来一事无成时，只知回首嗟叹。

高尔基曾说：时间是最公平合理的，它从不多给谁一分钟。勤劳者能让时间留给她串串果实，懒惰者只能让时间留给他们一头白发，两手空空。

所以，别再说“待我长发及腰”要如何如何了，无论这一生我们想追求什么、拥有什么，趁年轻，快些付诸行动！

心灵感悟

鲁迅先生曾说：“时间就像海绵里的水，只要你愿意挤，总还是有的。”凡是有所作为的人，都是从珍惜时间开始的，人生短暂，不要再挥霍时间了，赶快将你的想法付诸行动吧！

Part 02

大好时光，何必坐困愁城

人生的道路有无数条，每一个不同的目标都通向不同的终点，每一个梦想都是一个让我们人生与众不同的机会。在通往终点的路上，我们可以收获荣誉、快乐、幸福、友情、自信和成功作为筹码，我们每一次坚定的出发都会使筹码的价值增长，等到最终到达目的地时，你会发现，你收获的不仅仅是成功的喜悦，还有沿途的风景。

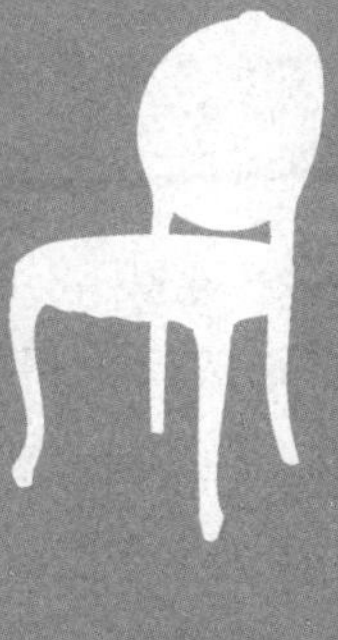

02

美好的未来不是“愁”出来的

有一种青春叫努力，有一种生活叫坚持，有一种梦想的实现叫坚持下的努力。每个人的生活都不会是一帆风顺的，每个家庭的幸福也都不是轻而易举就能得到的。当你在生活中遭遇挫折和磨难时，愁来愁去并不能解决任何问题，一定要记得坚强面对，一定要记得别轻易放弃，如此，你的梦想就一定会实现。成功，在于坚守之后。

轩昊与妻子来到山东菏泽做路边摊生意时还很年轻，他们非常希望能在这里扎根，买套房子。但是当地居高不下的房价让他们感觉到压力重重。如何才能攒够买房子的首付？如何才能在这座城市扎下根来？他们唯一能做的就是每天早点出来摆摊，尽最大努力去多攒点钱，让自己离梦想更近一步。

轩昊每天看着嗷嗷待哺的孩子和跟着自己辛苦奔波的妻子，心里便有阳光照进来，可一想到必须给她们一个幸福的窝，肩上又感觉到无形的压力。于是他时时告诫自己：努力，再努力一点！

某天早上轩昊在推着车子过去学校的马路时，不幸被一辆快速行驶过来的车子撞倒了，后来经医生确诊为小腿骨折，需要静养大半年。

家里突然失去了顶梁柱，这对于妻子婷婷来说是一件多么不幸的事情。面对躺在床上的丈夫和尚处于哺乳期期间的孩子，她陷入了迷茫和愁苦之中。

轩昊因病痛和经济困境而变得消沉，虽然医生明确告诉他养伤期间不能喝酒，他却每晚把自己灌醉，根本听不进妻子的劝阻。终于有一天，他颓废地对妻子说："婷婷，我现在的样子只能给你添麻烦，增加负担。我们回老家吧！这里不是我们的生存之地！"

"回去？回去就能解决我们现在的困难了吗？我们没有文凭，老家的地也好多年不种了。"婷婷不赞成地反驳丈夫，同时倔强地忍住在眼眶里打转的泪水，不服输地反问："我们真的就不能在这里落下脚了吗？真的买不成大房子了吗？我们就真的永远改变不了贫穷的生活了吗？"

听见妻子近乎呐喊的话语，轩昊也陷入沉思之中……最终他们还是选择坚强地留下来。

其实生活对每一个人都是公正的，它更垂青的是强者。你不服输，就一定不会输！不管做什么事情，只要坚持下去，命运就会有转机的时候。只要不懈地去努力，就一定会有收获。

从那天起，轩昊开始积极进行康复训练，希望早日能让

自己的双腿恢复健康。而婷婷则坚强地担起家庭的重担，每日去路边卖生煎包。早上4点起床做馅料，6点到当地的学校门口摆摊，晚上再出摊一趟。中午有时间则到临镇去买生煎包的馅料，有计划地每次多进一些货。

半年之后，婷婷原本白皙的肤色变黑了，轩昊的腿慢慢好了起来，孩子也渐渐长大懂事了。

恢复健康的轩昊将婷婷手里的活儿完全接了过来，白天卖生煎包，有空的时候还和妻子一起研究生煎包如何配料更科学营养，如何做得皮薄而馅多。晚上又找了一份汽车美容店洗车的兼职。

光阴似箭，日月如梭，三年时间就这样过去了，小夫妻俩总计存了15万元，这个数字离他们买房的金额只差5万元。

生活的快乐在哪里？对于轩昊来说，快乐在于男人的责任当中，左手孩子右手妻子；快乐在于买房的首付里，一毛一毛地赚，一元一元地积累；快乐在于夫妻鹣鲽情深的情感里，时间流过缝隙，一点点抓牢的便是现实。

回不过去的是曾经，能展望未来的是初心。过得去的是路，过不去的是心坎。不管你选择坚强还是软弱，时间都会把每个人雕琢成原本的样子。婷婷与轩昊终于在2016年年底攒够了买房的首付，顺利地买了大房子。在菏泽这个城市里终于有了一个叫作家的地方，有了一个叫作爱的暖巢。他们的未来会怎样？一定会更加美好……

城市里的每一盏灯，便是一个家庭。这个家庭最终会走向幸福还是不幸，取决于你自己在关键时刻是否能迈过去心里的那道坎，取决于你是否选择了奔向幸福的艰辛之路，取决于你自己真正为之付出了多少努力。

幸福的正能量能传递，也能改变我们自身的想法。当你对生活有了更多的憧憬和想法，并能持之以恒地去坚持，去努力，去投入爱和快乐时，那么幸福的生活就总有一天会来敲门。

心灵感悟

笑对人生是一种理想的生活态度，虽然看上去很难，但并非不能做到。只要你拥有一颗强大的心，让自己摆脱痛苦和磨难，那么你的人生就会充满阳光。

左看右看，没什么好纠结

你是否会在人生前行的道路中左看右看，于是错过了最美的风景？你是否会因为别人的意见而纠结迷茫，最终原地踏步耽误了向前的步伐？那么从此刻开始，不要再因为犹豫不决而浪费时间，不要再因为纠结自我而荒废生命了，以踏实果敢的脚步不断地奋勇前行吧，这样才能成就一种睿智进取的人生。

你在纠结什么东西？有什么样的东西值得你左右为难不知所以？相信很多人在对一件事情做决定的时候都会受到外在因素的干扰，旁人站在自身的角度来告诉你这件事情是对的，或者说这件事情是错的，这些因素或多或少地都可能对你产生影响。于是处于一架天平当中的你就会寻思，是往左边去多一点好呢？还是往右边去多一点好呢？时间一点点地过去，结果你依然还是停留在原地。因为你完全无法给自己一个坚定的决定来向前走，纠结、矛盾的心理最终耽误了你前进的步伐。

古代大诗人陆羽是个孤儿，是被智积禅师抚养长大的。长期生活在寺庙中，陆羽并没有感受到生活是多么的幸福和宁静，那些复杂的经文让他倍感疲劳，但是读诗句的感觉就不一样了，古诗当中的优美意境和词句，深入精神世界的心灵美都深深地吸引着他，为了能够获得下山学习的机会，他请求大师给自己一条明路。

智积禅师为了考验陆羽，就对他说："陆羽，倘若你能够领略泡茶的窍门，那么为师就允许你下山求学！"从此，陆羽便一边研究诗歌，一边钻研茶艺。在钻研茶艺的过程中，起初，他总是为多少度的水冲泡多少量的茶叶合适，以及什么品类的茶叶可以冲泡出与众不同的味道来而犯难和焦躁，结果越焦躁越冲泡不好。后来，他偶然遇到了一位老婆婆，并得到了

她的耐心指导：泡茶其实与做人有着本质的联系，一杯茶是耐心、勤奋与悟性的融合，倘若不静心、不用心，那么肯定冲泡不出味道清冽可口的茶水。

于是陆羽开始静下心来细细研究和揣摩不同茶叶的品类特点、泡茶技巧和味道，该放哪种茶叶、要多少温度、多少剂量的水、冲泡多长时间等等细节都自己认真研究。当他感觉左右为难时，并不会受他人意见或书本的影响，而是自己认真地去试验，去用心感悟。最终，陆羽冲泡出了让智积禅师满意的茶水，掌握了茶艺诀窍，也顺利地下山学习他所喜欢的古诗词了。

当我们做一件事情的时候，的确应该衡量利弊、听取意见、仔细思量，但是不要长久地纠结不定，要有自己的主意。心若停稳，即便是山雨欲来风满楼也能岿然不动；如果心不定，即便是身处世外桃源也无法真正享受到其中的乐趣。每个人的心应该顺应自身的需求，朝着阳光的那一面悄然盛开属于自己的玫瑰园。

干工作，追求事业如此，经营感情亦是如此。生活中，有些人比较感性，遇到感情问题，往往优柔寡断，不该犹豫的总是犹豫，当断的却又不能彻底了断，纠结来纠结去，最终亲手毁掉了自己的幸福。

人在一生中，幸运的机遇并不多，如果我们没有早一步，也没有晚一步正好抓住，就不可能成就更好、更幸福的自己。20多岁是风华正茂的时候，此时可以学习、谈情；30岁的时候则是家庭、事业共同前进的时候；40岁则是子女长大，孝敬父母的关键阶段……如果一个人在20岁的时候因犹豫不决而荒废了时光、错失了机遇，可能还会在将来弥补回来，如果到了40岁还是因犹豫不定而把握不住时光和机遇，那么他的人生很可能就只剩下失败了。

人生苦短，时光有限，不纠结、不气馁、不自卑的人，才能以自己的坚定和努力换来一种充实、有爱有阳光的生活。

心灵感悟

古话说，机不可失失不再来。机会有时就像天边的流星，转瞬即逝。因此，当它从我们身边经过的时候，不要犹豫，一定要将它牢牢抓在手中，才能成为一个卓越的成功者。

强说愁，白了谁的头

也许，生活里的确有诸多事情令我们感到忧愁和悲伤，比如生老病死，悲欢离合，每一件都是生命中不可承受之重。但既然这本就是无常人生中的自然规律，我们与其流着泪感慨，不如微笑着领会其中的滋味。就像林清玄说的，人生不如意事十之八九，我们要学会常想那幸运的一二。

有事没事愁一愁，倒并不是文艺青年的专利。很多年轻人，即使不好文艺的，也很容易犯这个毛病。这并非是他们故意矫情，假装效仿西施捧心，也不是他们心性不够坚韧，为了点小事就耿耿于怀。确切地说，大概每个人都曾有过这样一段时期，因为太年轻了，阅历不够，所看的、所经历的事太少，所以在那些过来人眼里，在那些挺过了生活百般刁难的人看来，他们的愁就成了微不足道，成了无病呻吟。

肯德基的爱好者们大抵都非常熟悉标识上那个老头的温暖

笑容，他就是肯德基的创始人哈兰·山德士。

山德士曾说过一句十分有名的话："我只要获得一次成功就够了。"据说，这是因为在他成功推销出肯德基炸鸡的配方前，曾经历了多达1009次的失败。

山德士的一生并不顺遂，6岁的时候，他父亲就病逝了，家庭因此陷入贫困的窘境。为了生活，母亲不得不出去做工，而年幼的他就要学着做饭，做家务，照顾弟妹。

山德士12岁那一年，母亲改嫁了，随同母亲来到新的家庭里，他不仅要适应一份完全陌生的生活，还要面对严厉的继父。继父经常趁母亲不在家的时候痛打他，那段充满了暴力的生活令他十分痛苦。这样的日子过了两年，14岁的他就离开学校和家庭，开始了流浪的生活。

18岁的时候他结了婚，但这段婚姻只维持了几个月，妻子就变卖了家里所有的财产回了娘家。此后，他一直过着不停换工作的日子，做电工、开渡轮、铁路工人……一直混到了31岁。

正所谓三十而立，他不想再继续混日子，就开始自学法律，成为了一名律师。可惜好景不长，在一次审理案件时，他控制不住脾气，在法庭上对当事人动了手，32岁的他再次失业。

最可怕的是35岁的时候，有一天，他开车路过一座大桥时，大桥的钢索突然断裂，令他的车掉进了河里，身受重伤不说，还失去了轮胎推销员的工作。

他在40岁时开了一家加油站，并开始推销炸鸡，结果又因为二战的爆发和新建的公路，这两项事业都被迫结束。而为了偿还债务，他只能靠每月105美元的救济金勉强维生。

幸好，山德士对生活的热情丝毫不减，61岁，他还去参加了参议员的竞选，结果当然是失败了。65岁，政府拆了他正开得红火的快餐店，然后他只能低价售出全部设备，继续从零开始。66岁时，他开始在一家小餐馆里推销自己独特的炸鸡技术，这一干就是十年。

到了75岁的时候，他觉得自己力不从心了，便转让了自己的品牌和专利。购买人曾建议给他1万股作为购买价的一部分，他没有接受，没想到后来股票大涨，他就此错过了成为亿万富翁的机会。83岁那年，他又开了一家快餐店卖炸鸡，结果因为商标注册的问题惹了官司……

一直到山德士88岁，已至耄耋之年的他才一举成功，打响了肯德基这一招牌，并使之流传到了全世界。

山德士的一生可谓坎坷重重，但他的成功其实并非源于所谓的失败乃成功之母，事业上他尝试了很多领域，生活中他也曾悲伤、懊恼、迷惘，然而，他每一次失败后都会努力地站起来，从来没有放任自己在烦恼的泥沼中深陷。他用乐观与坚强，跨越了一次次生命中的低谷，童年时遭遇继父的暴力，他努力重新开始，失去工作、事业一再受创时，他仍然努力重新开始。对他来说，忧愁只是一时的，微笑才是一世的。

“文艺青年”们之所以能文艺，也许正因为从未真正遭受生活的沉重打击，生活上他们衣食无忧，被父母疼爱照顾得无微不至，他们不用操心生计，可以安然地在阳光灿烂的午后看一本闲书，然后感慨，叹息，紧锁着眉头，对“人有悲欢离合，月有阴晴圆缺”“婚姻是爱情的坟墓，但没有婚姻，爱情就死无葬身之地”等等纠结万分。对照山德士所遇到的种种困难，诸如此类为了月缺感怀、为了花落伤心之类的烦恼岂不显得可笑？而可悲的是，他们的烦恼是真真切切的，一点也没有掺假。

有一个年轻人，总是觉得很不快乐，觉得生活里的事都不如意，每天愁眉苦脸，没有笑容。但当别人问他为什么发愁、是否遭遇了什么困难时，他又说不上来。于是，他想方设法地要摆脱烦恼。

有一天，他看到两个孩子在树林里嬉戏玩闹，互相追逐着，十分愉快的样子。他便上前去问他们：“你们怎么笑得那么开心呢，难道没有烦恼吗？”两个孩子回答说：“和好朋友在一起玩，还有什么好烦恼的啊？”年轻人便试了试这个办法，找到朋友们一起聚会，可还是觉得烦恼的感觉挥之不去。

于是他又继续寻找让自己快乐的秘诀。这天，他来到一条小河边，看到那里有一个姑娘正戴着耳机听音乐，她的样子十分专注，神情怡然，他又上前问道：“你能如此投入地欣赏音乐，莫非心中没有烦恼吗？”姑娘微笑着说：“我静下心来听音乐的时候，便会忘了所有的烦恼。”年轻人又试了试这个办法，也找了些音乐来听，却怎么也静不下心来。

直到他遇到了一位禅师，向他诉说了自己的苦恼。禅师听了，笑着反问他：“有人束缚你快乐的心灵吗？”年轻人回答：“没有啊。”禅师又问：“既然没有人束缚你，你为什么一定要摆脱呢？”年轻人终于恍然大悟，原来烦恼不用刻意去摆脱，快乐也不用刻意地寻找，是自己编织的心网把自己给束缚住了。

很多的烦恼，真的完全是自找的，快乐也从来没有想象中那么难获得。将坐在那里叹息忧伤的时间用来行动，做一些自己喜欢的事，做一些学业、工作上需要完成的事，不知不觉间，可能烦恼就消失了，根本无须太过刻意地去摆脱。至于为了自己不快乐而忧愁，更是一种庸人自扰。

幸福的修炼其实并没有什么秘诀，顺其自然就好。愁烦愁多了，也就习惯了。世事看多了，自然而然就淡定了。而开阔的视野，豁达的心境，乐观的态度，幽默的艺术，都能帮助我们笑看生活中的不如意，就像传说中的苏格拉底那样——

希腊哲学家苏格拉底的妻子，在他人看来着实是个悍妇。她经常对苏克拉底大吼大叫，旁人问苏格拉底是否为此烦恼，他则是自嘲说：“娶个这样的人做老婆，好处很多啊，比如可以锻炼我的忍耐力，让我的修养更上一层楼。”

有一天，他的老婆又对他发脾气，半天不停歇，不想争吵又烦不胜烦的苏格拉底，便决定离开家到外面躲清静。哪知道，他刚刚走到楼下，妻子就将一大盆水从楼上泼下来，顿时让他变成了落汤鸡。旁观的人都以为这回苏格拉底要发怒了，没想到打了个冷战的苏格拉底却笑眯眯地说：“我早就说过了，雷声过后必会有大雨的！”

心灵感悟

想要在生活中找到色彩，在平凡中制造惊喜，首先是要有一颗愿意去寻找快乐的心，先让我们的心充满阳光，然后去面对我们生活中出现的各种琐事，才能让生活也充满阳光。

由他人说吧，我们且听着

不管你是一个多么优秀、多么努力的人，依然难免遭遇到别人的非议。无论你付出时，收获时，总难免会有人对你指手画脚地品评。面对这些无奈，你需要具备良好的心态和宽容的性格，不要太在意别人的看法和说辞，拒绝流言蜚语。人生很短，每一天都要给自己找到一个开心的理由。

《增广贤文》中有一句广人为知的话：谁人背后无人说，哪个人前不说人。可见，任何人在世界上，几乎无时无刻不承受着来自四面八方的他人的目光。

生活里，有些人总是十分在乎别人的看法和意见，常常被别人的说辞左右着自己的心情。殊不知，世界上没有一个人是完美的，也没有一个人性格无缺憾，总会有人说你好，也会有人说你不好。既然无力改变，不如由他人说吧，自己且听着，只要做好自己足矣。我们努力地在做人做事做到问心无愧，就不必太过在意他人的评价，不必一味讨好别人，那样会使自己活得很累。

每个人都是主宰自己人生的唯一个体，都应该活在自己的想或者不想里，而不是活在别人的嘴巴上。很多时候，他人并不那么在乎我们究竟活成怎样，无非说一说、过过嘴瘾而已，而我们却为之百般纠结，岂不可笑？很多时候，别人口中议论的你，其实根本就不是你，而是议论他自己本身而已。

诚如莫言在获得诺贝尔文学奖后，大家对他议论纷纷，他却说：“起初，我还以为大家争议的对象是我。渐渐地，我感到这个被争议的对象是一个与我毫不相关的人。我如同一个看戏人，看着众人的表演。我看到那个得奖人身上落满了花

朵，也被掷上了石块、泼上了污水，我生怕他被打垮。但他微笑着从花朵和石块中钻出来，擦干净身上的脏水，坦然地站在一边。”

是的，当你越想主动讨好人，就越会在讨好的过程中失去自己。正所谓众口难调，根本没有一个人能活得让所有人都满意，那么他人的议论又有什么重要的呢？又何必自寻烦恼地改变自己，迁就别人呢？从今天起，让我们拒绝他人的指指点点，以宠辱不惊的心态面对所有赞美或毁谤，活出最好、最自由的自己！

心灵感悟

人活在世上，又不是为了别人而活的，何必事事都要用别人的眼光来衡量对错？然而现实却是，许多人出于不同的原因而宁可去相信他人，也不愿意相信自己。但是，人生是自己的，别人并不会为了你的不幸埋单。唯有坚持自己、相信自己，才能握住自己的幸福，过好自己的人生。

无所适从的时候，别忘了向他人取经

任何人在生活中都肯定会有茫然无措的时候，也许是工作、事业上遇到难题不知该如何解决，也许是受到情感、情绪方面的困扰，这时候，关起门来靠自己一味空想很可能不仅不能解决问题，还会使自己钻入牛角尖。

何妨主动一些，去他人处取经，让别人的意见帮助我们打开思维的大门，将别人的宝贵经验化为己用，成就自己的更上一层楼。

每个人在一生中总难免被迷茫、困惑的情绪捆绑，尤其是年轻时，由于生活和工作的经验都不充足，更容易陷入不知所措的境地。

人生的十字路口，事业与梦想的低迷时期，情感的纠结阶段，向左走还是向右走？我们怔愣在原地，茫茫然不知前路在何方，又害怕做出选择，因为一个错误的决定很可能影响到很长一段时间的生活，甚至造成一生难以弥补的伤口。

在所有这些无所适从的时刻，有的人喜欢向书本求助，有的人喜欢自己冥思苦想，而有的人则善于向他人取经，运用别人的智慧为自己的生活开路。

出生于1988年的烟台女孩戚惠雯，原本就学于烟台大学的文经学院，大学四年，她的成绩十分优异，几乎每次考试都能拿到奖学金。从事绘画设计方面的工作是她的梦想，她5岁时就开始学习画画了，多年来热情不减，因此大学毕业时收到浙江大学设计系读研的录取通知书的那一刻，她的心里别提有多兴奋了。

然而，因为父母担心她读研后可能去外地工作，他们很希望她能留在烟台本地，常常陪伴在身边，她便放弃了这个读研的大好机会。对此，她解释说，“我不是个有野心的人，有成绩我当然高兴，但是放弃了也没觉得有多大损失。”

说是没野心，戚惠雯做起事来却很“折腾”，当时父母已经给她找了一家杂志社的工作，可她觉得自己肯定受不了从早到晚待在办公室里，于是自作主张做出了一个大胆的人生选择：她决定要做自己的老板，向父母借了十万块钱开了一家鞋店。

那是2010年，戚惠雯刚满22岁。

天上不会掉下来馅饼，任何创业者初期的路都注定了不平坦，没有做生意的经验，没有人脉，而小店选在冬天开业也不是个好时机，刚开张就接连下了几天雪，根本没人来。因此，那个冬天，她是在守着几百双鞋的心慌中度过的。

“好几天卖不掉一双鞋，我挺着急，但没和爸妈诉苦，不能一开始就败下来。”面对创业的门槛，年轻的戚惠雯选择了独自承受所有的烦恼，没有向父母求助，既是因为不想让父母担心，也是因为面子上下不来，且不习惯诉苦。尽管事实上，她本就是一个“创二代”，她的父母是烟台当地一家品牌糕点的创始人，开了十几家分店，她这个独女要是开口，无论是资金还是生意经，肯定会倾囊相授。

但到了2011年的春天，戚惠雯还是接收了妈妈的帮助，托她生意上一个朋友的关系，到济南一家品牌鞋的生产厂里，参加了那家公司组织的代理商培训活动。后来她对记者回忆起这次培训的感受：“当听到很多有经验的代理商分享自己的开店经验时，我就觉得我像是一个饥饿了很久的小孩子，一下子上了满汉全席的饭桌。”

自此，戚惠雯做生意一改以往闷头苦干的习惯，不再只是靠着自己摸索，而是积极地向他人学习，20万元一次的商业课程她毫不犹豫地报名，微信朋友圈里的经验交流会必定准时参加，“无论是管理班的大老板，还是我们店里帮忙的销售员大姐，我都愿意听他们讲讲。”

不仅如此，在她创业期间，有几次因为生意扩大而出现了经营危机，父母、朋友、供货商甚至竞争对手，都曾成为她闯过难关的好帮手。

正因为接受了父母的帮助，珍惜一切机会向周围的人取经，并善于借力，戚惠雯在第一家鞋店开业半年后就扩大了店面，随后几年又开了3家分店，26岁便实现了自己的老板梦。对于自己的成功，她总结说："我有目标，为了实现目标，要善于借力，但最重要的是靠自己。"

是的，成功的路最重要的是靠自己去走，但来自他人的帮助同样不可小觑。正所谓"他山之石，可以攻玉"，一个人的智慧、经验、资源等毕竟是有限的，借助于别人的力量并不可耻，何必为了面子、自尊等顾虑而放着宝山不入呢？自古以来，人们就将不耻下问视为一种美德，连古人向比自己地位低下的人讨教也觉得是光荣的，何况在当今社会呢？就像培根曾说过的，一个人从另一个人的诤言中所得来的光明，比从他自己的理解力、判断力所得出的光明更加干净纯粹。

事业上如此，生活情感方面也是如此，一人技短，二人技长，一个人考虑事情总不如两个人考虑得周到，听一听他人的想法，也许就能让我们灵光一

现，从迷惘的状态中走出来。

有一个年轻人，因为性格比较沉闷，平时不喜欢与他人沟通，连与妻子都很少交流，什么事都喜欢憋在心里自己琢磨，妻子抗议了很多次都没有用。

终于，结婚三年后，妻子觉得再也不堪忍受他的沉默以对，认为他根本不爱自己，便收拾行李回了娘家。妻子原本的意思是想让他警醒，改掉遇事不与自己商量、有什么想法也不和自己说的毛病，没想到等了好几个月，也没有等来他的改变，而每次电话里或见面时，他除了让妻子回家，别的什么也说不出来。

事实上，分开的这段时间里，妻子的父母和他们的朋友，都曾试图和他好好谈谈，想帮助他解开心结。但只要一触及这个话题，他便拒不合作，一句话也不耐烦听。两人就这么分居了近一年。

一次偶然的机会，他用手机上网时收听了一个电台夜话节目。以前，他通常都是听听音乐、新闻，从不听这种节目，他认为只有无聊至极的人才会打电话到电台，跟一个陌生的主持人聊心事，同时让更多的陌生人看笑话。但妻子、孩子走了，一个人的家冷冷清清，他也成了寂寞无聊的一员，在连续几晚收听各种各样的人说各种各样的烦恼后，这天他鬼使神差地也拨了个电话过去。

他鼓起勇气，向主持人讲述了自己的故事和心中的想法，他说他不希望离婚，毕竟除了妻子挑他的毛病，他们的感情还是不错的……平生第一次，他絮絮叨叨说了很多，主持人一直耐心聆听着，而好几个当时收听节目的热心观众也打电话来开解他。

虽然挂断电话后，他回想起来，那些人并没有说什么金玉良言，很多道理他都懂，很多话他的妻子都曾经说过，但他忽然觉得心情不一样了，觉得妻子的要求并不过分，自己完全可以像那些人建议的，平时做到多表达一点、说几件单位的事、讲一些自己的想法，这样便能让妻子满意，让两人的感情更融洽，何乐而不为呢？

当自己走不出思维的迷宫时，就打开心门，向周围的人问问意见吧，父母师长的人生经验可以让我们看到新的境界，同事朋友的想法建议可以让我们感受到温暖蕴藉，哪怕是陌生人也可能成为一句之师，改变我们的人生轨迹。

心灵感悟

著名心理学家威廉·詹姆斯说：“如果你能够使别人乐意和你合作，不论做任何事情，你都可以无往不利。”人和人之间的合作和沟通是必不可少的，学会了如何与他人协作和交流，就拥有了通往成功大门的钥匙。

Part 03

地球快乐了，我们才快乐

世界上没有什么是永恒不变的，光荣和辉煌、失败和悔恨也都是暂时的。人们常说：阳光总在风雨后，其实阳光一直都在，乌云和风雨才是短暂的过客。散去后，不仅能重新见到阳光，还会带来美丽的彩虹和清新的空气。因此我们不仅内心要永远充满阳光，而且还要努力让阳光出现在我们的日常生活中，别让灰蒙蒙的空气污染你内心的阳光。

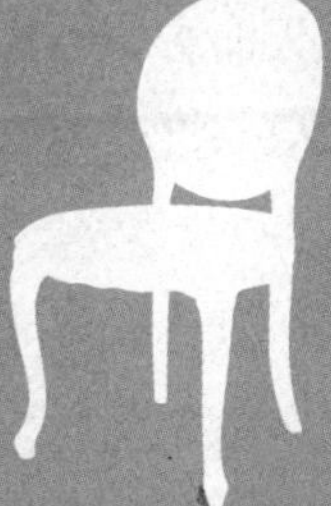

03

灰蒙蒙的天，灰蒙蒙的心

天空可以蒙尘，也许还没有良好的治理方法，但人心不能落灰，要永远相信快乐的力量。快乐是一个可以传染的情绪，它不但可以让人开心，同样也能激发出每个人的正能量，如果人人都能把快乐活的心态融入环保的意识，假以时日，那么一定会还给子孙后代一方碧海蓝天。

每个人都明白活在当下的意义，也都尽量让自己把每件事都做到完美，可每当抬头仰望，白天看到的不再是碧蓝如洗的天空，夜晚也不会再有灿若美钻的星辰，试问谁的心还会无端欣喜，不会被这灰蒙蒙的天而影响心情？不过面对着这些个人无力改变的环境因素，如果一直沉溺于烦恼之中，不如牢记一句话，“快乐活在当下，尽心就是完美”。

既然改变不了大环境，但是至少可以改变心情，并且尝试着用个人的努力，来还地球一方净土，虽然以个人的能量去做这些，无异于蚍蜉撼树，可在我们的身边，却有一位妈妈，用自己的力量，为热爱环保的女儿建造出了一片“挪威森林”。

2011年，上海复旦大学讲师于娟抗癌的故事突然火爆各大论坛。于娟于2009年底，被发现罹患乳腺癌，并且已经是晚期，她把自己抗癌的经过以及生前愿望点点滴滴地记录在了网站上，得到了网友的真诚祝福。然而，病魔最终还是夺走了于娟的生命，可她的母亲却牢牢地记着她的遗愿，并努力地用六年的时间去完成，于娟的愿望就是“想在家乡建造一片树林，让每个人出门都能看到满眼的绿色，而不是那一角灰蒙蒙的天。”

老两口决定哪怕倾家荡产，也要在家乡这块贫瘠的土地上，为女儿打造出她想要的“挪威森林”。说是倾家荡产，可于家父母哪里还有家产，女儿和女婿原本就没啥钱，女儿病重所用的手术费用全是自己的爸妈筹措的，老两口早就把房子抵押给了银行，现在想种树，资金是一个重大的难题。可让二老没想到的是，他们的女婿在此时站了出来，女婿赵斌元联系了

政府，又联络了学校，在大家合力的帮助下，凑齐了30万元，用作买树苗的费用。

于娟生前告诉母亲，在九仙山有一种树叫黄连木，不仅树冠浑圆美观，而且木质优良，无论是观赏性和实用性都是树中的上品。于妈妈带着钱去了宝鸡，不辞辛苦买回了40万棵树苗，可没想到，才栽植了一个多月，因为水土不服，树苗竟然死了70%，于妈妈差点崩溃。为了让剩下的树苗能够茁壮地成长，于妈妈每天早上五点就起床给树苗浇水，直至日落才回家休息，周而复始，年纪已经不小的于妈妈累得是筋疲力尽，就在她快要坚持不下去的时候，没想到一群陌生的援军好像从天而降一样，接手了照顾小树苗的责任。

原来于娟生前发在网络上的心情日记感动了数以千计的网友，在她离世以后，也还有好多人记得于娟生前的愿望，现在听说于妈妈买了树苗，大家都愿意来当这个环保的志愿者，为筹建"挪威的森林"尽一份的力量。

福建的军官王斌得知了筹建"挪威的森林"的消息后，特意坐动车赶来，亲手种下了一株株的树苗，而一位叫蔺丽的女士，硬是要捐献10万块钱，留作种树资金。于妈妈看到这么多人为了完成女儿的心愿而出钱出力，感动得热泪盈眶，可大家却说，我们并不只是为了完成于娟的遗愿，更是为了我们自己，为了地球家园做点自己力所能及的事。

话虽是这样说，可是到了2013年的春天，种树的资金还是出现了缺口，没钱买树苗，于妈妈又不想用大家的钱，急中生智，她想到了一个好办法，她决定自己学习园艺知识，培育树苗，这样就能省了一大笔资金。经过于妈妈废寝忘食的精心培育，她一个新手培育出的树苗成活率竟然达到了90%，这个数字就连园艺专家一般都很难达到。面对着这个惊人的喜讯，于妈妈跟着了魔似的，每天在森林里穿梭，嘴里不停地对着树苗喃喃自语："谢谢你们，谢谢你们都活了，这要是于娟看到，她得多高兴啊"。说着说着，于妈妈又哭了，可这泪水里已经没有了悲伤，全都是重生后的喜悦。

现在，走进于娟的老家，再没有那灰蒙蒙的天，满眼的青翠，鸟语花香。

心灵感悟

面对生活的残酷，我们要坚强、对未来充满信心。爱是可以播种的，耐心的培育优良的种子，换一个生活环境，剪掉痛苦的过往，让它在新的生活中汲取养分，就可以茁壮成长。只要心中有爱，生命就能够重新露出笑容。

所有“一次性”，都在减少生活的乐趣

有一阵子，网络上流行着这样一句话，那些年没有快递，没有邮政，骑马送信需要半年甚至一年，所以，那样慢的时光才能让感情在等待中长久，耗尽一生的时光去爱一个人，等一封信。

时代在前进，一次性产品的应用在特定的环境下的确为生活提供了许多便利，只不过从环保角度出发，从生活乐趣的层面考虑，同时也为了健康着想，我们完全可以尽量少用一次性的东西，也许会因此收获到更多的幸福感。

与人们的生活条件同步提高的是对于一次性产品的大面积使用。例如送餐业的兴起，大量的一次性饭盒、筷子、水杯，林林总总，几乎覆盖了每个人的生活。

“一次性用品”多以塑料为原料，如快餐饭盒，虽然用着方便，可以盛汤、装饭，然而，这些塑料多为不可降解的，被填埋后，很难在土壤中被分解，成为城市中的新污染源。看似不起眼的一件件一次性用品，对资源的浪费与环境的破坏程度实在是让人触目惊心！

如果说，对环境的伤害还不能让你为之动容，那么纯粹从个人角度去看一次性用品的使用，也是弊大于利的。虽说它为每个家庭提供了快捷方便，但生活原本是个细水长流的过程，通过时间的烹煮与小火慢炖才能让人慢慢品味出生活的美好，各种生活小细节的叠加，往往对幸福感的提升大有裨益，一双筷子，一块毛巾，甚至一双拖鞋都会因为有喜爱之心加持而让单调枯燥的生活本身显得妙趣横生，如果一味推崇一次性，那么，这种速食的人生肯定会减少了太多生活中的乐趣，就像远在曼彻斯特的一对多年交恶的父子，原本已经打算从此老死不相往来，可就因为一个水杯，这对父子放弃前嫌，双手紧握，重拾了父子之情。

威廉出生在一个富庶的家庭，父亲和母亲一个是总裁，一个是总裁助理，都在为家族企业打拼。小威廉虽说衣食无忧，有保姆陪伴，可他渴望父亲的拥抱，母亲的笑脸，然而对忙碌的父母来说，这显然是一种奢望。

一次，喝得醉醺醺的父亲在应酬完客户后回家递给了小威廉一个卡通水杯，小威廉欣喜若狂，觉得这是父亲给自己的最好的礼物，整天捧在手里。

转眼，小威廉到了叛逆期，多年被父亲冷落，导致他跟父亲之间的关系已经降到冰点，父亲觉得自己千辛万苦地赚钱，儿子却跟自己整日怒目相对，也很是失望。

小威廉即将要去国外读书，管家送他到机场后，他却命令管家必须载着自己回家，说是自己的漱口杯忘在了家里，管家一再表示可以给他买最昂贵的杯子，然而小威廉却执意要回家去取，并因此差点耽误了飞机。父亲勃然大怒，痛骂小威廉和妻子，说小威廉将来不会有出息，就是个二世祖，为了一个水杯任性至此，简直丢了家族的脸，小威廉又跟父亲怒目而视，父亲抬手狠狠打了他一耳光，父子两人从此再也没说过一句话。

十多年后，小威廉也已经娶妻生子，他远离父亲，靠着自己的努力养家糊口，日子过得也十分温馨。一天，他接到了母亲从曼彻斯特打来的电话，说是父亲罹患中风，已经瘫痪在床，倔强了一辈子的父亲打算安乐死，因为他觉得活着已经看

不到任何希望，母亲恳求威廉回来看看父亲，毕竟家里就他一个儿子，威廉在十多年后，终于与父亲相见。

父亲用拐杖去打威廉，碰倒了威廉带回来的行李箱。威廉连忙紧张地打开行李箱，拿出了他心爱的漱口杯查看。父亲有些诧异，问："这就是那个差点耽误了你飞机的水杯？这么多年你还没丢了它？"威廉深情地看着水杯，回答说："你可能忘了，只有这个水杯提醒着我，你曾经也对我好过，还在我生日的时候特意把它送给我。"父亲懵了，他根本就不记得这回事，因为家族企业做的是厨房用具，经销商经常会把一些成品拿给他看，而这个水杯只不过是当初的成品之一，没想到却被儿子视若珍宝。

就这样，因为一个水杯，父子俩冰释前嫌，言归于好。

心灵感悟

忙碌的工作是否让你失去了自己的时间、忽略了与家人之间的联系，让你只顾着赚钱养家，却忘了你最需要的人一直在家里默默地等着你？多抽出一些时间陪伴家人吧，孩子的每一个成长都值得你用心关注，和爱人的美好纪念都需要你来创造，和长辈相处的日子都应该倍加珍惜。

我们今天浪费的是明天的快乐资源

尊崇自然、敬畏生命是人安身立命的宗旨。尊天重地、敬天爱人则是人类生存于世的准则。“判天地之美、析万物之理”别让这个可爱的地球在如今一代人手中惨遭破坏，既然人人都在讲爱惜孩子，珍惜下一代，那么，与其给他们留下多少的财富，不如让自己环保一点，为孩子们留下大量快乐的资源。

喜欢唐诗宋词的朋友想来最欣赏的莫过于诗词中的意境。“青山清我目、流水静我耳，山中何所有？岑上多白云。”这些诗句好像一幅徐徐展开的山水画卷，把每个人都带入到了青山白云，绿草河流当中，让人沉浸其中，流连忘返。然而回归到现实，扪心自问，有多久没有听到清晨那清脆的鸟鸣，又有多久没有迎着朝阳深深地呼吸那带着花香的空气，整日如影随形的是汽车那刺耳的喇叭声，徜徉街头，风沙弥漫，在树枝上猎猎作响的不再是碧绿的枝叶而是随风摇摆的塑料袋。所有的这些无时无刻不在提醒每个人，快些保护环境吧，也许今天浪费的其实就是明天所拥有的快乐资源。

环保这个问题就算国家无论多么的提倡与呼吁，然而落实不到个人都只会是纸上谈兵，收效甚微，可只要全民人人心中都充满了环保意识，那么不必重拳出击，日积月累就会显现出莫大的威力。就好比上海有一户姓刘的中产阶级，他们一家四口住在二百平方米的房子里，可以做到连续十年不看手机，不开电脑，不开空调，怎么样？是不是有人会惊呼“这怎么可能？”然而，这一家人却真真切切地做到了，并且还因此有了很多意想不到的收获。

先来看看这家人一天的作息，早上6点，夏天的上海，酷热还没有将这个城市完全笼罩，夫妻俩已经带着一双儿女开始在街头慢跑，锻炼过后，回家洗澡，吃早餐，然后各自去上学，上班。下班回来晚饭后，夫妻俩出去散步，孩子们在家力所能及地清洗碗筷，沏茶等待爸爸妈妈回来，夜深人静，一家人是围坐在长茶桌边，小儿子在捏泥巴，稍大的女儿在编织围巾，夫妻俩喝茶聊天，顺便参与一下孩子的活动，全家人其乐融融，整个家庭温馨和谐。

这个大大的房子里没有空调，却奢侈得有一整面的黑板墙，有单独的家人活动间，有采光十足的厨房，有带阁楼带登山绳的游乐场……刘先生解读说：“家其实是个最私密的空间，是一家人能够聚在一块儿的场所。而不是炫耀装修豪华，随时等待别人来参观的样板间。”所以刘先生家的任何设置，都体现着环保、整洁、以人为本的理念。

在他们家的房顶上，没有奢华的吊顶，却有长条形玻璃天窗，冬日里的暖阳照射下来，斑斑点点的光斑投射在植物上，有一种意想不到的美丽。尤其一到雨天，雨点噼里啪啦敲在天窗上，屋里也跟着生动鲜活起来。

更令人叫绝的是刘先生家的小院子，四周用等身的木头围合，顶上是通透的玻璃，里面放上摇椅、长凳、鸟笼。天气好的时候，一家人就能在这聊聊天打打太极。孩子们在院子里奔跑，踢球，欢快的笑声会传出去很远。

对一个家庭而言，最头痛的事莫过于孩子们的随处涂鸦，好好的墙壁也许就会毁在他们的手上，可在刘先生家，因为都是木板结构，就是为了能给小家伙们一个展示自己才艺的场所，孩子们信马由缰的作品呈现在上头，反倒比挂着的那些精

致油画越发来的接地气，看久了反而非常赏心悦目。

二楼空间刘先生也没有浪费，顺着爬梯、登山绳向上，藏着个别有洞天的小阁楼，里头装满了孩子们向往的玩具，而小家伙想要上来，除了走楼梯以外，还可以利用登山绳和攀岩石，孩子们上上下下地攀爬，不但增加了乐趣，也强健了骨骼，刘先生的儿子在学校的运动会上，每次都能拔得头筹，想来跟他每日的锻炼不无关系。

其实这套房子在刘先生一家搬过来之前，根本就不是现在这个样子，是刘先生和妻子一点点规划成了现在这个模样。也有很多街坊问刘先生："上海的天气可不得了，尤其秋老虎来的时候，会把人热死的呀，咱们大人能忍受，可小孩子为什么要跟着吃这种苦？难道让小朋友也跟你们大人一样靠着意念调整心态？那是不可能的呀？"刘先生笑着回答了邻居的提问，"其实很好解决。大人接受了什么环境，孩子就能自然地吸收这一切。在我们小的时候，谁家有空调？有的甚至连电风扇都没有，可每个过来人提起童年，都是幸福满满，这说明什么？快乐永远不用以物质条件为基础，快乐根本就是精神上的一种满足。"刘先生家在最炎热的夏季，也只是吹个电扇，开个门窗，靠着对流风也能舒服地过。

环顾刘先生的家，看不到任何冗杂的装饰，也不见浮夸的设计，倒是孩子们的手工，往桌上一摆，就成了独特的点缀。甚至就连墙上挂着的装饰品也都是俩孩子的杰作。卧室不设置主灯，只一盏简简单单的北欧风的吊灯。床头柜不大，甚至连多余的腿也没有，是谓“不贪多，即不烦恼”。

打开刘先生家的橱柜更是别有洞天，酸奶盒洗洗干净排排站，就是最环保的调料盒。卫生间里的晾衣竿，也都是家里几个人用小院子里坏掉的木板废物利用改造而成。

刘先生总说，他的家是寒酸的，一件像样的家用电器都没有，可他的家却又是奢华的，用笑容装扮的家，给人的感觉才会更踏实更舒服。

心灵感悟

近年来逐渐开始流行的低碳的生活方式，是一种更健康、更安全、更自然的生活，也是一种低成本、低代价的生活方式。低碳生活不仅可以减轻我们的生活成本，而且有益于健康和改善生活质量。在让自己变得更好的同时，也让环境变得更好。

Part 04

乐活人生要懂得放松

每个人都是自己唯一的主人，在这个世界上除了你自己没有人能够主宰你的命运。我们通过自身的努力来塑造自己，成为一个优秀的人。每一个人都可以变成自己想要的模样，只要我们肯用心，热爱生活，我们就能够成为那个自信、成功的自己。

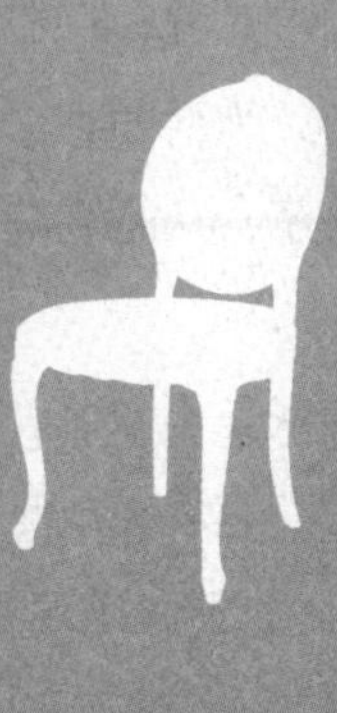

04

快工作，慢生活

出名要快，赚钱要快，干活要快，实现梦想要快，获得幸福要快……如今，越来越多的人被种种“生命中不可承受之快”所驱使着，似乎连喘气也要“抽时间”。

其实，节奏慢不慢不要紧，最要紧的是保持一份怡然闲适的心境。工作讲求效率，生活讲究放松，两者自然融合，一张一弛，才能开启那扇通往乐活人生的大门。

不知何时起，“慢生活”这一概念走进我们的视野，一度风靡了大街小巷。然而，为何要刻意强调“慢”呢？显然是因为现在的生活节奏太快了，从吃到睡到干活，让我们觉得很累，身心都仿佛不堪重负。

慢生活，顾名思义，就是不着急，慢慢来。无论是追寻梦想的脚步，谋求成功的迫切心境，或是细化到每一日里学习与工作的安排，都要顺应自然，避免欲速则不达。

列宁曾说，不会休息的人就不会工作。这句话换成如今的通俗说法是，不会玩的人，也不会赚钱。

前者重在说明，人们要懂得休养生息，才能恢复精力去更好地工作。后者则关注“玩”对于创造力和想象力的开发，对负面情绪的疏通和正面情绪的积极引导。总之，无论哪种说法，都强调了劳逸结合的重要性。

事实上，“劳逸结合”这四个字，大多数人可能在身为小学生时便已被师长们耳提面命，却往往于成年后抛诸脑后。

对此，我们往往归罪于生存的压力，环境的逼迫，工作的紧急，却忘了，很多时候，也许不是环境或工作逼着我们快，而是我们自己不愿慢下来。

在深圳的龙华新区，繁华闹市的一角，阿龙和他的“豆舞咖啡”就安静地度过了无数个日夜。很多人慕名来到这间深圳最有名的单品咖啡馆，然后在这栋两层楼的小别墅里，远离城市的喧嚣和聒噪，一边品味着咖啡，一边度过一段悠闲惬意的时光。

别墅没有过多华丽的装饰，给人的感觉就像它的主人阿龙一样，低调随和。门口的铁门边竖着一块小黑板，上面是阿龙漂亮的粉笔字：牙买加蓝山、夏威夷可那、黄金曼特宁、埃塞俄比亚耶加雪菲、危地马拉安提瓜火山咖啡……

走进“豆舞”，在别墅外的小院子里，古朴静谧的氛围已扑面而来：众多盆栽绿色植物在木架下自然生长，几株咖啡树悠然挺立，几张木制桌椅仿佛在静静地等待着有缘人，而一呼一吸中，萦绕着咖啡的香醇味道，让人顿觉身心舒畅。

“豆舞”，意为咖啡豆的舞蹈，因为阿龙认为“一杯好的咖啡，就像很多粒咖啡豆在加工的时候轻盈舞蹈一般美妙，这是一种生命之舞。”

只因源于对咖啡的执着热爱，阿龙辞去了原本还算安稳的工作，不计心力来经营一家精品咖啡店，在这个过程里，自然要面对无数的难关。从寻找优良的器具，收集世界各地的精品咖啡豆，到自主研发烘焙机，给馆内员工做统筹培训……尤其是每月推出一款咖啡新品，打开精品咖啡的市场，每一步都不容易，但每一步，阿龙都走得很认真。

阿龙曾对记者谈及他对慢生活的理解：“我觉得我能寻到一处于闹、于静都恰到好处的院子，在这里做自己喜欢的事情，抛开杂念，和这些可爱的豆子朝夕相伴，就是最好的慢生活。慢生活不是说的节奏，而是一种心境吧。”

是的，慢生活的慢，并非是指向速度本身，而是旨在传达一种回归自然、轻松和谐的心境。

当心态舒缓了，节奏自然也就舒缓了，那时候，工作也好，生活也好，都能徐徐图之，乐在其中。

现居深圳的湖南妹子周小兜，也深谙其中真味。

周小兜从小就喜欢画画，高中毕业后，她没有和其他同学一样去上大学，而是选择只是一人来到深圳寻找出路。那时，年仅十七八岁的她，对于未来并没有太多设想，只是随波逐流，想找一份能谋生的工作，让自己能在这个繁华都市停留下来。

“在我20岁前，都不知道有插画师这个职业，在公司当设计助理时，纯粹怀揣着一种好奇的想法在网络上搜了一下。之后慢慢地开始画一些作品，再到被编辑约稿，回过头来一看，我在插画的路上已经走了7年了。”

年纪轻，没有高学历，没有强大的人脉和背景，周小兜最初的求职经历显而易见。幸运的是，在陌生的深圳，她找到的第一份工作就是绘画助理，虽然只是用电脑画一些小孩子学习机上的界面，但好歹符合她的爱好。之后，她又跳槽做了好几份与绘画有关的工作，广告设计、平面设计、动画设计等，在这个过程中，提高了自己的绘画实力。

直到2008年，她因为同事偶然的一句话，开始了解自由插画师这个职业。自此，她推开了新生活的大门。

一路走来到今天，从接触手绘的艰难，到终于快快乐乐地以此为职业，周小兜始终坚持和生活做朋友，用绘画来表现生活中那些细微的事物和情趣，“当一片叶子，一朵扶桑花，或者是一只瓢虫，通过自己手中的画笔慢慢展现生机，对我而言，这就是生活中最美好的时刻。”

如今，她出版的作品已有《五分钟画出温暖的小画》《色铅笔的清新手记》《画笔时光：周小兜的手绘日记》《花花果果枝枝蔓蔓》等，被业界称为“森林系插画师”。那一幅幅清新唯美的大自然画作，温暖或治愈了越来越多的人。

如果你还没有找到适合自己的“慢”，也不妨先试着张开心灵的眼睛去观察和记忆，就像周小兜说的那样：

“你出门时是否注意过某颗石头上长满绿绿的青苔呢？是否注意到鸡蛋花的颜色和香味呢？当你慢慢养成了观察的习惯并坚持用你喜欢的方式记录下来，时间久了会发现自己不自觉中收集了满满的幸福。”

心灵感悟

我们总在不停赶路，不断前行，我们忙碌到甚至来不及看一眼沿途的风景，以至于我们忘了为何而出发，忘了这样的生活是否是我们真正想要的，忘了生活中除了财富，还有家庭、爱人、朋友。我们是不是可以适当地放慢自己的脚步，等一等我们的心。

再忙碌也要留一段阅读时光

无数人已验证了，阅读，拥有一种非凡的力量，总是在潜移默化的过程中，悄悄地改变我们，改变生活，乃至改变人生。

不管生活有多么忙碌，请尽量留出一些时间来阅读。因为那一段与书本对话的时光，不仅能获取知识、开阔眼界，也能缓解忙碌过后的疲惫，让我们的心走向更远的远方。

开一家书店，交一些爱书的朋友，大概是许多人儿时的梦想。可惜时光荏苒，人生际遇不由人，并非每个人都在成长后将这一梦想付诸行动。

在厦门街头，有一家长颈鹿书房。书房有三位女主人，长颈鹿妈妈婉婷、长颈鹿姐姐琦琦和长颈鹿妹妹希言。她们一个是70后，一个是80后，一个是90后，年龄不同，生活轨迹不同，却出于对书籍的热爱而走到了一起。

婉婷曾是上海教育电视台的记者，一干就是十年，后来又做了几年儿童阅读推广，因此她辞职回到故乡后，就很想开一家书店，让更多的人爱上阅读。恰巧，在她家楼下就有一间合适的店铺要转让；也恰巧，她认识了刚从英国留学回来的传媒硕士希言，和儿童心理咨询师琦琦。然后，就像是应了那句“无巧不成书”， 三个人一拍即合，在两个月内便完成了书房的设计，共同经营起心中的书之梦。

对于将书房命名为“长颈鹿”的原因，她们的说法是：

“长颈鹿与其他的陆生动物立足于同一片土地，却吃得到最高处的嫩叶浆果，看得到远处的大千世界。就好比阅读在我们身上的改变，即使是在同一片土地上，有些人与其他人的生活，所看到的风景，也必将因此有所不同。”

正是源于这份对阅读改变人生的认同，她们从一开始给书房的定位便是专注阅读，希望借由阅读，借由她们对孩子的爱，带着孩子们飞向更广阔的天空。每一周，她们都为不同年龄段的孩子安排了读书会，分年龄故事会，以及其他类型的沙龙，力求为孩子们构建一个文化交流空间。

这样一间不以售卖书籍盈利而专注于阅读的非主流书屋，在如今这个快节奏的时代，在不易居的繁华都市，实在不多见，也实在需要在诸多方面付出辛劳。幸好，书房的三位女主人一直在坚持，而书房门口的长颈鹿也总是安静地站在那里，不惧日晒雨淋，迎接着一颗颗热爱阅读的心。

其实，我们每个人的内心中都埋藏了一颗叫作阅读的种子，一旦机缘来到，便会发芽开花。

这也是托德·波尔大叔和他的“小箱子”能在世界各地广为流传的原因。

2017年初，ABC News的一则报道获得了超过249万的点击率，而报道中的主角竟是一些普通却神奇的小箱子。

在不了解真相之前，远远望去，那些形态各异的小箱子静静伫立在街头，虽然外观很漂亮，有的还设计得颇具创意，却也并无引人围观的稀奇之处。然而，一旦凑上前去将答案揭晓，也就恍然大悟了：原来，一切都是阅读惹的祸！

“神奇书箱”创始于澳洲一位年过半百的大叔。波尔大叔平生最大的爱好就是读书，几十年下来，家中的书简直能堆积成一座小山。这些书，他都已一一细读过，再看一遍，好似缺少了点兴趣，但扔掉或卖掉又实在很可惜。

就在波尔大叔为怎么处理它们而纠结不已的时候，他忽然回想起儿时与小伙伴们交换看书的时光来，于是一个大胆的想法闯进了他的脑海，为什么不让大家把家中闲置的书拿出来互相交换呢？

有了想法，波尔大叔立即行动起来，他仿照信箱的形式，做了一个彩色的小木箱放在家门口，在里面摆满了自己闲置的好书，又向邻居们解释了这个公共图书馆的“规矩”：大家可以随意取阅箱子里的书，不用付费，也不用归还，但如果拿走一本书，希望也能同时留下一本分享给他人。

一传十，十传百，社区里的人渐渐都知道了这个有趣的消息，大家纷纷凑上前来，在小木箱里翻找着自己感兴趣的书籍。孩子们更是为此兴奋不已，往往是拿到一本自己喜欢的书，就在木箱周围席地而坐，迫不及待地翻看起来。而出乎波尔大叔意料且令他深深感动的是，大家真的默契地遵守着他倡议的“规矩”，一天又一天，书箱里的书不但没减少，竟然渐渐增多起来……

当波尔大叔将这一创意拍照发布到网上后，“神奇书箱”几乎在一夜间风靡了澳洲，并很快在美国、英国、德国、意大利等地掀起了一股股热潮。各地的人们纷纷发挥着自己的创意，制作出各式各样的小书箱放在家门口或小镇街头，既成全了一道道独特的风景，又带动了更多的人爱上阅读，爱上分享！

不得不说，这的确是一个值得人人称赞的神奇小箱子，简直让家有藏书的书友们跃跃欲试起来。试想，如果我们已阅读过的闲书还能再次在他人那里发挥它的能量，如果我们不用计算购买力也能看到更多的好书，如果我们不用顾虑书籍的流失却能与陌生人分享到信任、善意和美好，那将为我们的生活带来多少乐趣、多少感动啊。

也许，唯有书籍才拥有这

种照亮全世界的魔力，因为它绝不仅仅是知识的宝藏，更承载了每一个人飞向广阔天空的梦想，以及，对真善美的渴求。唯有书籍，天然自带净化人心的功用，在它面前，任何贪欲都无从兴起、无力伸展。

带走一本，就留下一本。将我已有的，与陌生的你分享。无需用言语或文字特别申明，无需用条条框框来限制你我心灵的自由，只因我们心中共存对书籍的尊重，对信任的尊重。

偷得浮生半日闲，留出一些时间，抛开种种顾虑，拿起你喜欢的那一本书，尽情享受灵魂的遨游吧。别忘了，长颈鹿书房门前那醒目的标语：阅读最好的年纪，就是此时此刻！

心灵感悟

著名教育专家朱永新说："阅读，让贫乏和平庸远离我们！阅读，让博学和睿智拯救我们！阅读，让历史和时间记住我们！阅读，让吾国之精魂永世传承！"阅读是我们将要相伴一生的精神家园，而书籍则是人类精神的宝贵财富。

小心“坐”病，乐活在于运动

不过才二三十岁，正是如日中天的大好年纪，却已经常常感到精力不济，睡多久都缓不过来，稍一运动就气喘吁吁……凡此种种亚健康的表现，其实都源于坐得太久，动得太少。

生命只有一次，青春也是稍纵即逝，要活得如弱柳扶风，还是为我们的笑容注入更多快乐的活力，别犹豫，请从今天做起！

年轻，原本是这世上最美好的词汇，是每个人一生中最为精力充沛、最有建树的一段时光，可惜诸多年龄上年轻的人，却有意无意地将自己的生活过得暮气沉沉。

宅在家中，死活不愿意出门，仿佛跟外面的世界和人都有仇似的。虽然有的人也并没有沉迷网络游戏这种干耗时光的娱乐，而是在看书、写作等，但如果问他们有没有肩背酸痛、头昏脑涨、视力下降、食欲不佳、便秘之类的亚健康表现，他们肯定能絮叨许久；

或是宅在工作桌前，拼死拼活地奋斗，浑身上下憋着一股不成功便成仁的劲。电脑辐射不怕不怕，鼠标手不怕不怕，透支太过以致肠胃病了不怕，睡得太少以致身体衰老不怕，就怕活没干完，钱没挣够，出名没趁早；

若说这些尽情畅快地折腾着青春和身体去为成功拼搏的人，还值得赞一声勤勉有加，那很多纯粹坐着熬时间的人，就实在让旁观者们不知道该说什么了：坐着看手机，几个小时不放手；坐着打麻将，几天几夜，不赢不休；坐着玩游戏，时光散尽，直至猝死来临……真是不“坐”死就不会死。

生命啊，在于运动，人人皆知，却并非人人谨记。好在任何事情只要愿意开始，都不会太晚，别说我们还是精神头正好的年轻人了，就是白发苍苍的老奶奶，只要肯动起来，也能化腐朽为神奇——

2012年，德国科特布斯挑战者杯的赛场上，有一位老人，以流畅自如的体操表演震撼了所有在场的人。

她的名字叫约翰娜·奎阿斯（Johanna Quaas），时年86岁。

也许大多数人对此的第一印象是，奎阿斯是一个天赋异禀的体操运动员，或者想深一层，认为她十分坚强且毅力卓绝，然后，然后便没有什么想法了。

但事实上，如果将时光回溯到奎阿斯50岁之前，人们会发现，她只是一个普通的德国女人。

出身普通，容貌普通，经历也普通，奎阿斯如世上许许多多平凡人一样，按部就班地上学、工作、结婚、生子、退休、变老……

一般而言，活到这个年岁的老人，大多只求余生平平安安、顺顺利利地陪着老伴守着儿孙了，有兴趣就散散步，养养花，晒晒太阳，抑或跳个广场舞，可奎阿斯没这么想。

也幸好她没有，才让世人见证了一段传奇。

说是坚持梦想也好、不甘平凡也好，又或者奎阿斯一开始的初衷，只是为了强身健体。因为随着年龄的增长，她的身体状况确实大不如前了，虽不至于疾病缠身，却也被从前不规律的作息和饮食习惯，折腾成了亚健康状态。

奎阿斯走进健身房，开始换一种方式“折腾”，希望找回从前那个充满活力的自己。

俗话说，付出就有收获。每一日的挥汗如雨，每一日的坚持不懈，令她的身体越来越好，动作越来越熟练，也渐渐重拾儿时的梦想——做一名体操运动员。

“我从来不觉得因为我年纪大，所以不能练体操。梦想不分年龄，坚持就可以达到。即使到了90岁我依然想去参加体操比赛。”奎阿斯这样说。

说是这么说，要真正达成这个目标真的不容易。尽管她曾是一名体育老师，身体底子比许多同龄老人要好，尽管她打心眼里喜欢体操，年轻时也曾学习过一段时间，尽管她愿意为了实现梦想而不辞辛劳，却毕竟已经年过50，且体操不止需要力量，更对身体的柔韧度有着极高要求，她的梦想在旁人看

来，着实无异于一个“笑话”。

“体操是年轻人才玩的”，“你应该多休息，不适合高强度的运动”，“含饴弄孙多好，何必让自己这么累”……各种质疑与反对，各种告诫和劝说，尤其是锻炼本身所带来的困难，要说一点都不打击人，谁相信呢？

不过，别人信不信，过程打击不打击的，在成功面前都会成为过去。56岁的奎阿斯正式走上体操赛场的那一刻，她的梦想、决心、毅力等等，已能让所有人肃然起敬。此后，一次又一次的比赛，一个又一个的冠军奖杯，更是证实了，梦想绝不会辜负肯付出的人。

如今，奎阿斯依然保持着每天早起锻炼、每周两次的体操训练，有时还会骑着自行车去郊游。而且，她又做出了一件让众人刮目相看的事：用跳伞来庆祝自己90岁的生辰。

当奎阿斯从高空纵身一跃，直至圆满落地的那短短时间，不仅是她享受到了一次前所未有的激情，同时也为这世界留下了一个与年龄无关的梦想神话。

当然了，我们未必要学奎阿斯那样将自己修炼成运动健将，但为了能拥有良好的身体状态去更好地为事业打拼，为了活得更像一个活力四射、激情飞扬的年轻人，我们确实十分有必要将“运动”提上日程。

别再一边胸闷气短地坐着吐槽自己已经老了，一边可劲儿折腾我们的健康了，它真的没那么坚不可摧。趁着年轻，快点打破不健康的生活方式，适当进行一些体育运动吧，瑜伽、舞蹈、爬山、打球等等，总有一项适合自己！

心灵感悟

伟大的物理学家爱因斯坦曾说：“我生平喜欢步行，运动给我带来了无穷的乐趣。”确实一个只知道低头干活而疏于运动的人是无趣的，因为他已经丧失了生活中该有的激情与活力，也忘记了运动是我们生活中一抹鲜亮的色彩。长此以往，生活便向一潭死水，逐渐失去了活力。而运动是我们前进路上的助推器，能够为我们提供源源不断的动力，让我们能够在运动中释放自我，找到自我。

从今天起，面朝大海，春暖花开

因生活单调枯燥地重复而倍觉无趣时，因工作压力太大而身心疲惫时，如果觉得听音乐也抚慰不了躁动的心情，享受美食也填补不了灵魂的空虚，那么，便来一次说走就走的有机旅行吧，让大自然的青山绿水、鸟语花香来帮助我们减压，让异地他乡的美景拓宽我们的视野，让我们的心灵回复到澄净悠然的状态！

旅行，是人们普遍喜爱的一种减压方式，到著名的旅游景点去开阔眼界，去不一样的地方感受不一样的人文风俗，或者购买一些平时难见的特色产品等等。在这样的旅行过程里，人们虽然获得了无数乐趣，有时候却也在经济、体力等方面感受到了困扰，甚至觉得旅游一次比原来更累。同时，因为飞机、汽车等交通工具的频繁运行，以及旅游时人们的一些行为，地球环境受到了很大程度的损害，于是，“有机旅行”的概念应运而生。

有机旅行，原本是20世纪90年代中期开始流行起来的一种旅行方式，又被称为有机农场旅行，指用劳动来挣取旅费的方式到国外的一些农场和庄园享受不一样的生活。人们可以在农场每天工作几小时，如播种、除草、挤牛奶等，而农场则提供免费食宿、健康与美容方面的课程，还会组织农场专家进行“有机农业知识”的讲座等。

在名为WWOOF的世界有机旅行组织的推动下，这一旅行方式很快就在澳洲、丹麦等十多个国家风靡起来，渐渐地受到了全球的欢迎。各个国家都设置了具有自己独特风格的“有机”项目，比如在南非，旅行机构为了更好地保护野生动物，每年都会给它们做一次十分专业的体检，而游客们只能在体检前动物被麻醉枪打晕的短暂时间里，才可以和动物们合影。

“从明天起，做一个幸福的人/喂马，劈柴，周游世界/从明天起，关心粮食和蔬菜/我有一所房子，面朝大海，春暖花开……”

上海姑娘汪瑾特别喜欢海子的这首诗，也特别向往诗中描述的生活。大学毕业后，她找到一家外企公司的翻译工作，有一次和英国网友弗里兹聊天时，得知他正以有机旅行的方式度假。汪瑾顿时被对方讲述的种种吸引了，立刻上网加入了WWOOF，联系了新西兰的一家农场。

农庄的生活是那么的安静、单纯，“清晨的鸟叫声把我从睡梦中唤醒，这和大城市中的生活完全不同，没有喧嚣，没有车辆的嘈杂。而黄昏奶牛们的低吟也会让我全身心感到释放。”

日出而作，日落而息，这样的田园生活让汪瑾流连忘返：“我已被这样的场面完全征服了。这一切让我在还没离开时就开始想念。”

其实，要享受田园生活的悠闲和大自然的无限乐趣，不一定要去国外，也不一定非要安排出长长的假期，我们完全可以于周末，在居住城市的附近挑一处风景优美的地方进行。哪怕是只腾出几个小时的时间，随意找一户农家来一次农家乐，呼吸一下郊外新鲜的空气，品尝一顿既健康又风味独特的柴火饭，也能让我们在一周忙碌工作后得到放松。

到如今，有机旅行的概念也得到了拓展，所有以环保方式进行、与大自然和谐共存的旅行都被称为有机旅行。

当然，正如某旅游卫视的主持人阿涩所说的，“所有的旅行，都会对目的地造成或多或少的伤害，无为而无不为。所以，根本就没有100%的有机旅行，而我们唯一能做的就是，把这种伤害降低到最小！”

“不在乎你做的会产生多大影响，只在乎你是否真正行动起来。”喜爱探险的旅游者王石也持有同样观点。为此，不管是攀登山峰或是跨越沙漠时，他都会随身携带一双筷子。他认为这样不仅是为自己的健康着想，也是一种态度的体现。

而曾在多个文化艺术机构担任董事或顾问的梁文道，则是坚持在每次乘飞机旅行回来后，就找机会捐钱种上10棵树，为自己出行造成的废气污染买单……

为了那带给人们心灵以宁静的绿色，为了梦想中“面朝大海，春暖花开”的自在生活，为了我们能说走就走去享受大自然馈赠的一切美景，有机旅行，永远多多益善！

心灵感悟

旅行，是大多数人都非常钟爱的一项活动。旅行对平凡无趣的生活来说何尝不是一种暂时的解脱，我们不仅能够在其中放松心情，还能修身养性、陶冶情操。只有走出去，才能使心胸得到舒展，心灵得到净化。

柴米油盐里的精致生活

精致，是一种生活态度，更是一种生活智慧。在看似周而复始的日子重叠里，涂抹出一道道亮丽的风景；在柴米油盐的琐碎俗务中，过滤出新奇与甜蜜；将一个个小细节化腐朽为神奇，打造独属于自己的精彩——

精致生活，其实就是认真地生活，用心去生活。

有人曾说，生活的四大精神支柱，是简单、快速、智慧、美丽。然而，现在很多人在简单和快速上花尽了心思，却懒怠于调动智慧让日子变得美丽起来。于是，他们抱怨生活乏善足陈，抱怨生活苦多于乐，抱怨来抱怨去，就是不愿意努力。他们羡慕那些过得幸福的人，却不曾去留意，那些“别人”并非有多好运，他们的幸福都是自己一点一滴经营起来的。

迈克尔和爱人马克居住在伦敦，他的工作是V&H博物馆里的教育主任。这份职业听起来十分“正经”，但实际上，迈克尔在生活中是一个浪漫而充满情趣的男人。

也许说到浪漫和情趣，大多数人会联想到红酒、玫瑰花、烛光晚餐一类，迈克尔却觉得仅仅是这些太没有新意了，所以他做了一个大胆的创新：用早餐给爱人写情书！

2013年8月开始，迈克尔每天都在Instagram上更新他为了爱人精心制作的爱心早餐——每天一种，绝不重复！

“人们会想我到底是疯了还是有强迫症，不过其实这只是我爱的宣言。” 对于一些负面的网友评论，迈克尔给出了这样的回复。的确，能够几年不间断地拍照、更新，就完全可以看出他的良苦用心。

仅仅看图片，就已经令人垂涎欲滴。那些形状各异、色彩丰富的餐具上，摆放着各种土司、面包、三明治、蛋糕、土豆片、煎蛋、香肠……可以随意蘸取草莓酱、奶酪、黄油……还有草莓、樱桃、香蕉、蓝莓等餐后水果……饮品有牛奶、咖啡、巧克力、椰汁、柠檬水……

可以想象，每一个清晨，享用着如此营养丰富又外观养眼的早餐，心情将是多么的亮丽！

马克说："我和迈克尔都是热爱生活的人，我们完全无法忍受那些不吃早餐或者每天早餐对付一下草草了事的人，所以他每天的早餐都做得很用心。"

而迈克尔则表示："我觉得人们喜欢是因为他们自己的早餐太没新意了，每天都喝粥。人们说自己喜欢早餐，但却只在周末努力一下，我希望我们能激励其他人也用心做早餐。"

常言道，一日之计在于晨，早上的心情几乎决定了一整日天空的颜色，所以，我们怎能不好好珍惜这样重要的时刻呢？匆匆忙忙、胡乱果腹，亏待的不仅仅是我们的味觉和健康，更是对生活质量的打折。

其实，大多数人都是过着上班下班工作家务的平凡日子，有的人觉得枯燥单调，有的人却善于发现美，创造美，让生活变得丰富多彩，有滋有味。他们会积极地尝试一些新的东西，每天都做一些自己喜欢的事情，在一些细节上注入自己对生活的爱。

改变生活的姿态，并不需要多么复杂，不需要花很多的钱买一堆奢侈品，也不需要用很多的时间和精力去折腾，只要将以往所做的事做得更好一点，在过去重复又重复的节目表中加入一些新尝试便可以了。因为真正的精致生活，不是为了做给他人看的，而是为了取悦自己。

说到底，生活是平淡无奇还是充满乐趣，在于过日子的人是否用心。用心过日子的人，总能在最平凡的景致里发现亮点，将最俗气乏味的柴米油盐点石成金。我们是食人间烟火的凡人，却也能摇身一变为闪动着智慧之光的精灵。只要你愿意，只要你切实行动起来，365天都可以绘出不重样的美景！

心灵感悟

生活中不能没有希望和寄托，也不能缺少情趣。生活情趣与收入、地位都没有关系，而是物质以外的一种精神享受，是清新、愉悦的一种生活寄托。即使再忙碌，也要放慢脚步，花点时间，用心体会一下生活中的乐趣。

Part 05

有人爱，我们才不孤独

在你的生命旅程中会遇到各种各样的人，他们有的只是匆匆过客，有的在你背后默默付出，有的和你一起面对风雨分享快乐，还有的停留片刻却影响深远。这些人，都是生活给予我们的馈赠，是生命中最珍贵的宝物。

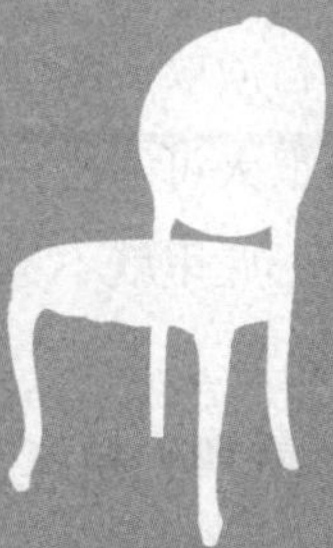

05

如果你是孤身一人

如果你正处于人生中某段孤立无援的路途，请不要哭，也不要害怕，因为在同一片天空下，其实我们都一样，生来孤独。

既然如此，每个人都在孤军奋战，那么，未来迷茫令一颗心彷徨不安也好，现状如置身于沉沉黑暗中也好，何不用微笑去面对每一次心碎，去迎接最后的光明。

孤独这个东西，说到底，没有一个人喜欢。

那些铺天盖地地教导人们要学会与孤独为伍、甚至享受孤独的论调，如果不是一种自欺欺人的娱乐，就是一种难得糊涂的自我安慰。此外，还有很大可能是一种吃饱喝足万事如意后的消遣，因为说话的人打心底里就不觉得孤独，他所谓的孤独只是概念转换后的怡然自处罢了。

当然，中国汉字的寓意博大精深，随便一个词都能延伸出多条词义，怡然自处也是一种孤独。至于那在困境时没人援助、其内心没人理解的凄怆境界，无非是大多数人对这个词语最直观的理解——这种可怜兮兮的孤独，谁又会喜欢呢？

不喜欢也没办法，汪峰有句歌词写得好，“我们都一样，生来孤独”，从来到这个世界，到离开这个世界，没人陪我们从开始走到最后，就算是最幸运的人，其人生中也总有一段路得自己走。

那段路上，有大风刮来，要靠自己顶住。有大雨落下，要靠自己御寒。前路如何，要靠自己的双眼去看。终点在哪，要靠自己的双脚去走。跌倒了，没人扶，伤心了，没人听，天地茫茫，孤身一人……如此孤独，撑不过去，便过不去，然一旦撑过去了，就必定开启生活的新局面。

2001年凭一首《无所谓》走红、2012年在中国好声音里荣升“杨三十二郎”的杨坤，无疑扛过了这段人生的孤独路。

在走红之前，杨坤作为一名其貌不扬、名不见经传的唱歌爱好者，其谋生的职业普通得不值一提，而与音乐挂钩的行为不过是在某某比赛上得个名次、在酒吧夜总会等地赚赚外快练练技能。这种打酱油的音乐生涯，直到21岁的他怀揣梦想来到北京，才算勉强结束——他终于从赚外快升级成专业驻唱。

但凡曾用梦想来谋生的人，都知道那样的日子不好过。壮志未酬怀才不遇，心，是苦的；陌生的城市，川流的人群，举目无亲，孤身拼搏，心还是苦的；曾经心比天高，现在向现实折腰，都任由梦想沦为技能了还窘迫潦倒，更是苦不堪言。

整整8年，杨坤在歌厅夜总会等地唱至午夜，在谋生之余坚持自己的音乐创作，在一次次对音乐梦想的憧憬和希望的破灭中辗转挣扎咬牙坚持，终于有一天……成功还没有来，灾难先来了。

那些年，杨坤抱着心爱的吉他日夜不停地唱，想唱出一个机会，可惜过度拼搏的后果是，他把嗓子唱坏了。

刚开始，情况其实没糟糕到底，他的嗓子长了个异物，就去医院做了个切除手术。本来这时候他该好好休养的，无奈他太喜欢唱歌了，太害怕以后不能唱歌了，就没能坚持医嘱，仅仅过了几天，便按捺不住地开口试唱……结果声带严重撕裂，再也无法恢复。

嗓子是歌手的武器，武器丢了，还有赢得胜利的可能吗？嗓子是他目前谋生的工具，工具没了，以后要怎么生活？更何况，还是自己大意之下将武器和工具折腾没了，杨坤所受到的打击，不言而喻。

放弃梦想，离开北京回老家？可以。放弃唱歌，另寻途径玩音乐？也可以。生活其实给每个人都提供了很多选择，每种选择后面都有一条出路。

然而，杨坤不甘心，也不想选别的出路，他就是要一唱到底。

从陷入绝境，到走出绝境，从嗓子受伤，到重新创作适合沙哑嗓音的新歌，那段时间，杨坤是怎么想的，是怎么让自己的心坚强起来的，除了他，没人能感同身受。

好在之后的一切验证了，那些人们在平时听着就像教条一般的真理：皇天不负有心人，福兮祸所伏祸兮福所倚……拥有清亮嗓音的时候，杨坤在某些音乐比赛中得过名次，为电视剧唱过主题曲，但他没出名。而一次意外的跌倒，一次跌倒后地站起，终于让生活奖励了他，奖品就是红极一时的、他的第一张音乐专辑《无所谓》。

也许杨坤的这一段经历，或者其他的故事，并不能说明所有的坚持都能得偿所愿。生活扑朔迷离，在坚持的最初，没人能知道坚持到最后是什么样子。但人生路上，如果没有坚持，没有跌倒后的地爬起，没有孤身一人也继续前行，就是放弃了奔向目的地的希望和可能，就是自己选择了任由孤独和困境的泥沼包围自己，直至彻底沦陷。

越是孤军奋战时，越要坚持，不只是坚持向前走，直到转机来临，更要坚持强大自己的内心，不以孤独为耻，不以孤独为惧，当我们不再为“孤独”二字纠结时，无论在生活里怎么选，都能拥抱光明。

很多年前，吉吉·巴特勒只是美国加利福尼亚沙漠小镇上的一个普通小姑娘，虽然她在7岁时，就梦想着自己将来能成为一个出名的乡村音乐歌手。后来，她对记者说，“那时候，我从没想过人生还有其他选择，唯一能救赎我的只有音乐。”

可家庭的贫寒使得她并不能一心一意地扑向梦想，15岁时，她便要学着自己养活自己。于是，之后的好几年里，她拿着水桶和拖把，一家一家上门提供清洁服务，同时省吃俭用，自己攒够了上大学的学费。

不过，不久后，她就辍学了，带着500美金去了音乐之城

纳什维尔，如同所有为梦想而漂流的追梦者一样，在陌生的城市，一边辛苦谋生，一边坚持努力。

长达13年的追梦生涯里，白天，她继续做清洁工以赚钱生活，晚上就去酒吧驻唱，直到凌晨3点才回到租住地休息。

吉吉的人生转折，并不在于突如其来的打击，而是日积月累的厌倦。做了13年的酒吧歌手，她没有等来被谁谁发掘然后青云直上的幸运，只是日复一日地忍受着梦想实现似乎遥遥无期的茫然，以及被某些客人的揩油捏屁股。

放弃音乐梦，专职做清洁，即使两年时间她就建立了一个自己的团队，当上了清洁老板，但内心的空虚失落还是挥之不去。

一直到2007年时，与哥哥的一通电话，勾起了吉吉的童年回忆，也勾起了她改变生活的年头。因为她的哥哥在电话里说，他在纽约排队几个小时去买了一份杯子蛋糕，却发现还没有她以前做得好吃。

一个月后，她来到了姑妈的面包店，开始通宵达旦地学习做杯子蛋糕。半年后，她赢得了顾客的一致称赞。然后，有一天，她下定决心，要开一家蛋糕店。8年后，她的100家店开遍了美国的23个州，被人们誉为“蛋糕女王”。

这个时候，与音乐梦擦身而过的吉吉对记者说：“别人说我成功的原因，是因为蛋糕独特的品质口味，但我想还有一个原因：我不害怕失败，所以我能付出一切去追寻。”

是的，只要不害怕失败，只要愿意不计付出地去追寻，虽然我们无法预知，看上去山重水复如迷宫的生活，会在什么地方拐弯，在什么时候柳暗花明，却一定能打一个漂亮的翻身仗，华丽转身。

心灵感悟

在这个世界上，每个人都是独一无二的，所以不要再浪费时间去忧虑我们要与他人保持一致，应该尽最大努力利用好大自然赋予你的独特。无论何时，我们送给世界的最好礼物都是真实的自己，坚持做自己，将自己融入生活当中，真切的去体会幸福的滋味。

叛逆是把双刃剑

和按部就班，在阳关大道上实现卓越的人相比，能够另辟蹊径，活得潇洒自在的人才更容易让人们崇拜。因此大多数成功人士，他们的关键词总会带着一些具有强烈性格标签的色彩，如叛逆，个性、特立独行等等。然而叛逆是把双刃剑，在成就了你的与众不同时，可能也注定了你的孤独……

关于成长的故事，关于学业或者事业，很多人都说，带着一颗不满现状的心，才能开拓出通天大道，拥有一颗叛逆的心，才是成就一番事业的基础。然而，叛逆就像是双面开刃的剑一样，有利有弊，叛逆者常常忽视，叛逆的结果很多时候不仅仅只是伤害自己，还会对家人造成影响。

一封叛逆父亲麦家写给叛逆儿子的信最近在微信朋友圈里火了起来。

在由董卿担任制片人并主持的央视节目《朗读者》的第三

期里，“中国谍战小说之父”麦家朗读了一封从未公开发表过的信件：《致信儿子》。很快，这封信便备受关注，引发了观众和网友的热烈讨论，被称作“2017最美家书”。

面对青春叛逆期问题严重的孩子，父母应该怎么办？在放弃和坚持之间，在忍耐与放任之间，一定要做出正确选择。信中，麦家同大家分享了自己与儿子生活中的点点滴滴。

麦家直言，他儿子在青春期时属于特别能“作”的那类，从高中开始就把自己封闭了起来，3年不肯去上学，每天待在自己的房间里，不分昼夜地打游戏、上网、聊天、恶作剧，一次又一次气走家庭教师……无数次，麦家伤心失望地想放弃，但最终还是不忍心，选择了挽救。

为了让儿子回归正常，麦家想尽了办法，最重要的一点就是抽出尽可能多的时间来陪伴儿子，想用爱唤醒他。1000多个日日夜夜，他陪儿子受罪，经历痛苦和挫折，跨越“刀山火海”，尽力引导他健康成长。

可怜天下父母心，到了该高考的时候，麦家的儿子终于醒悟了。他看到曾经的小伙伴们都开始努力读书，只有自己还在不学无术虚度光阴，突然意识到了差距，从此开始努力奋进。功夫不负有心人，终于，他凭借良好的英语基础和勤奋，通过了6所美国大学的考核，让麦家感到无比欣慰。

在儿子出国前，麦家花了两个小时写了一封长信，连同2000美金的生活费一起放进儿子的行李箱。儿子看完信后，给他发来两行感动流泪的表情。这两行表情让麦家的心也受到触

动，不由想起了自己的过去，曾几何时，自己也曾经是一个叛逆的儿子。

麦家在自己的作品《致父信》中写道，年少时期的他非常叛逆，因为对父亲的“毒打”怀恨在心，他17岁时就离家出走，一心只想去离父亲很远的地方。整整十多年，他写信的抬头只写母亲，从来不提父亲。等到他自己做了父亲才真正明白父亲对自己的爱，却已是追悔莫及，他的父亲已经不在人世了。《致父信》成为他对父亲永久的纪念，同时也表达了他对父亲深深的爱和愧疚。

有句老话说，不听老人言，吃亏在眼前。所有年轻人大概都知道这句话，行为的区别却在于，有的人不懂变通，墨守成规般地遵守了，渐渐沦为上一代的“傀儡”；有的人失了分寸，一味反抗，结果在浪掷了自己青春时光的同时还伤害了最爱自己的亲人；只有那些既保留了自己独立思考和创新的能力，又善于将“老人”们的箴言化为己用的人，才能以从容的姿态，安稳走过迷茫的青春期，奔向美好的未来。

是啊，若能相互理解，用正确的方式去爱，青春期又怎会被视为危险的悬崖？我们要为自己而活，闯出自己的天地，但这并不意味着要拒绝前人的经验，不论对错地去标新立异。我行我素的叛逆从来不是一件值得沾沾自喜的事。让我们将心态平和下来，从沟通中汲取人生的智慧，从独立思考中坚持做自己吧！

心灵感悟

人生就像一个舞台，每个人都有粉墨登场和黯然离场的时候，我们要做的就是适应自己角色的变换，使自己在每一个角色中都有所收获。不管角色大小，都要认真对待，因为每一个角色都是我们的责任，扮演好它就是对我们的人生负责。

很多时候，心直口快并非是美德

生活中，有一些人，总是在不经意间语出伤人，却大多不自知，或自以为那是心直口快，既然自己的初衷是好的，那么就算大实话不好听，对方也应该感谢而不是挑刺。于是，一旦对方露出不爱听、不高兴的样子，他们就觉得委屈，斥责听的人不识好歹。

2013年时有一则报道，凡客的陈年在接受媒体采访时说，“凡客的用户超过65%是女生，我们觉得能伺候好女孩是特别不容易的事情。我们真的希望能够慢慢靠谱，能摸出来这些女性消费者的消费习惯以及她们的爱好。但是我们在分析的过程中发现，女性消费者实在太不靠谱了，给我们造成巨大的退货也是女性消费者。”

他话音刚落，凡客的女性消费者便纷纷表示不满。这些一时心直口快的话语，即使后来陈年解释只是玩笑，仍然得罪了凡客的女性消费者。

心直口快，指的是性情直爽，有话就说。从某种意义上讲，这似乎是一个褒义词，但大多数人的心直口快，时常凸显出其情商低，或者欠缺礼貌。很多时候心直口快不但不是美德，还是没有教养的体现，因为我们的心直口快，常常会让我们的人际关系处于一种危险的境地。

无奈生活里总是有一些人，以“自己性子比较直，有什么话就要直说，说出来招惹到你了，你可别生气啊”打底，然后完全不顾虑别人的感受，把冷言恶语当作实话实说的金玉良言，结果既伤害了别人，又影响了自己的人缘。

有这样一个故事，说苏东坡去找佛印禅师聊天。见面后，苏东坡对佛印说：“我最近学佛很有心得，也精进了许多，你来看看我的姿势像什么？”佛印赞叹道：“像一尊佛。”苏东坡听了心中喜悦，满意地笑了。佛印于是也问苏东坡：“那你看我的坐姿又如何？”苏东坡为了压倒佛印，显示自己比他好，就答道：“像一坨屎。”佛印听了并没有生气，只是淡淡地笑笑。苏东坡回去后很开心，到处宣扬自己这次胜了佛印。苏小妹无意之间知道了他们的事，不以为然地笑着对他哥说：“哥，难道你不知道自己已经输得一塌糊涂了吗，还自以为是地四处宣扬呢。”苏东坡不解，我怎么就输了，哪里输了？苏小妹不紧不慢地说道：“佛印心里有佛，所以他看谁都像佛。而你心里有屎，所以看谁都像屎。”苏东坡恍然大悟，知道了问题所在。

这个有趣的故事也从侧面证明了，当一个人心善时，看到别人便是善的，当一个人对他人打着“心直口快”的旗号语出不逊时，其实也正是他内心不善良的体现。

很多时候，心直口快和嘴贱离得挺近，一个不小心就会滑到另一边。很多女生吐槽说，身边总会遇到一个说话心直口快的长辈，年纪稍长，看你工作多年了还没找对象，就会各种说教，打着为你好的旗帜数落你一顿：

“眼光不要太高，不要再挑三拣四啦，挑来挑去最终只能把自己挑成老剩女，越来越嫁不出去了，在外面名声也会不好听，还丢父母的脸，而且别人也会以为你有什么见不得人的问题……”说到最后还装出一副苦口婆心的样子加上后缀：“我这人就是说话直，你别不爱听，都是为你好。要是别人，我才不管呢。”诸如此类的话，不一而足。这样的说教，表面打着说话心直口快的旗号，实际上却是在伤害冒犯别人，不懂得尊重别人，实在让人听不下去，又不好发作，只能憋出一身内伤。唯一能想到的办法就是尽量避开和这种人独处。

《礼记》中说：“君子约言，小人先言。”意思是君子谨慎说话，小人妄言妄语。一个懂得考虑别人感受的人，都会说出得体的话，而总是标榜自己说话直的人，往往是不愿意花心思考虑对方感受的人。这正是他们自私的体现。

有教养体现在懂得说好话，心直口快不是美德，良言好话才是心善的体现。所谓“良言一句三冬暖，恶语伤人六月寒。”很多时候你以为你自己心直口快，却会对别人造成很大的困扰和伤害。而有时候你以为一句话的力量没有那么大，或许一句话往往还能改变一个人的命运。

有一个刑期中的囚犯在服劳役干活过程中，捡到1000元钱，他毫不犹豫地把钱交给了狱警。可是让他没有想到的是对方竟露出满脸鄙夷，还冷言冷语地讽刺他是企图找资本减刑，根本就不相信他的拾金不昧是出于真心。囚犯心灰意冷，心想这世上没人相信自己了。晚上，他越狱了。

逃跑过程中，他肆无忌惮地抢劫之后登上开往边境的列车。火车里人太多，他不得不站在厕所门口。这时，有一位长相甜美的小姑娘来如厕，关门时发现门锁坏了，她很有礼貌也很信任地对他说：“先生，你能为我把门吗？”他原本是目光冷漠地望着远处的，听到这话他不自觉地愣了一下，面对姑娘天真无邪的目光，他郑重地点了点头，然后，像一位忠诚的守城卫士，把守着这个小门 。姑娘信任的话语，触动了他原本还保持着善良的灵魂，他决定洗心革面重新做人。火车再次停靠后，他毫不犹豫地跳了下去，到派出所投案自首。

一句不信任的冷言冷语，让一个原本想悔过的心灵受到打击，而一句真诚信赖的话语，又使一个正在沉沦的灵魂得到拯救。作为文明社会的文明人，人们应当懂得语言的力量，不轻易说出恶言恶语。

季羡林老先生曾说过这样的话，“要说真话，不讲假话。假话全不讲，真话不全讲。就是不一定把所有的话都说出来，但说出来的话一定是真话。”这就是成年人真正的心直善良，说好话做好事，发心是善的，说话自然是善的，发心不直，又怎么可能说出善意的话呢？愿每一个人都能自勉，说出的话都是善良诚信不伤人的话。

心灵感悟

你不经意间脱口而出的恶语，就好像一根根钉子钉在了听者的心上，时间虽然可以磨平钉子，但是伤痛会永远留在心中。不经意的话，却会给别人造成无法治愈的伤痛。所以，一定要管好自己的嘴巴，与人为善。

Part 06

幸福的日子，你可以拥有

也许爱人的误解、朋友的纠纷会影响我们片刻的心情，也许富有的家境、漂亮的外表能够给我们带来骄傲的资本，但是这些都不能决定我们是否幸福，能改变我们心情的只有自己。幸福就掌握在每个人的手中，只有将它牢牢握在手中，才能创造属于自己的幸福人生。

06

淡定的心最宁静

淡定，自古以来，便作为人生修养的至高境界而存在。那宠辱不惊的沉稳气度，那笑看庭前花开花落、漫随天外云卷云舒的豁达与泰然，对每个人而言，都是立身处世、至而超绝尘世的根本。

若说人生是一场修行，那么历经世间风雨起伏，修得一颗淡定之心，便是我们辛苦摆渡于红尘，所孜孜追求的彼岸吧。

将“淡定”二字拆开来解读：淡，是人淡如菊，讲究心性上的清心净欲；定，是不动如山，注重行为姿态上的稳重成熟。

北宋文豪苏东坡有一首《定风波》词，其上阕就清晰勾勒了一个淡定君子的形象：

莫听穿林打叶声，何妨吟啸且徐行。竹杖芒鞋轻胜马，谁怕？一蓑烟雨任平生。

是啊，谁怕？即使竹杖芒鞋也一样潇洒从容，即使外界风吹雨打，我自闲庭信步，不慌不忙——如此心性，如此人生境界，怎不令人悠然神往？

其实，要做到淡定，说难也难，说不难也不难。尤其是对人生没有那么多大起大落的普通人来说，把“淡定”落实到平平凡凡的日常生活中，无非是耐得住琐事的消磨、挺得过理想实现过程中的艰难而已。

28岁的插画师佩佩，这几年来便过着一种“淡定人生不寂寞”的日子：早上起来，洗漱吃饭，然后来到工作室画一整天的画，兴致好时几乎不食不休，灵感缺缺时就在沙发上小坐片刻，独自喝茶听音乐，从透过落地窗折射的阳光里，捕捉大千世界的细节之美。

佩佩是在河南开封的一个小县城里长大的，这种远离都市的繁华与喧嚣的闭塞环境，让她的生活和想法都显得十分“简单”。上学放学，吃饭睡觉，和同学们玩耍，画自己喜欢的画，没有什么远大的理想和抱负，心里也不曾放下所谓富贵荣华的欲望，在高二之前，她的生活可谓是清澈得一眼见底。

直到读高二那年，佩佩才知道这个世上是有美院的，于是平生第一次，她拥有了一个一定要实现的梦想：考中央美术学院。

可惜第一回高考，她就落榜了。18岁的她不甘心就此放弃，告别家乡和父母，带着简单的行李乘火车去了北京，找到央美附近的一个小画室继续学习，准备再考一次。

失败，复读，再失败，再复读……每一天，佩佩几乎都在画室和地下室之间两点一线地来回，“在北京三年一个景点也没有去过，最大的乐趣就是待在附近的公园坐着看来来往往悠闲的人，画画速写，和陌生人聊天。记得有一天朋友指着公园对面一座高楼说，前几天有个学生一直没考上跳楼了，我沉默了好一会儿。也许有人会说我为了考一个学校考那么久不值得，但我觉得，草草结束生命才是不值得。”

回头看时，只是三年的时间，这个数字放在漫长的人生中对比，似乎不算什么。然而，一千多个日夜，孤身一人在异地他乡，面对简陋的居住环境、拮据的生活、昏暗不明的未来，要说心里不难受，斗志不受影响，无疑是自欺欺人，但到底任何外在的阻力都无法动摇心底那个单纯而又坚定的信念。

第四次高考，佩佩再次与梦想中的央美擦肩而过，最后阴差阳错到了广州美术学院。虽然梦想拐了个弯，好在并没有脱离轨道，她也就此放下了对央美的执念，开始踏踏实实

地全力追逐心中的插画师梦想。

人生路上，终究是有付出就有回报，她连续四年都拿到了一等奖学金，同时自己打工赚取学费，最后以优秀毕业生的身份从本科毕业。接着又考上了研究生，并幸运地赶上了最后一年公费，每个月的补助加上画插画的稿费，这三年也顺利过去了。

这世上从来没有免费的午餐，也没有谁终生都是命运的宠儿，纵然每个人要走的路以及一路上所面对的坎坷形态不一，却终究有一条定律是共通的：拥有一颗坚定的心，就能超越沧海，如愿拥抱理想。

所以，何必心急，年轻时谁不经历些人间破事呢？自己的错也好，他人的过也好，不必太过介怀，让心态舒缓下来，从容地走下去，终会迎来岁月静好的那一天。

心灵感悟

美国著名思想家爱默生说："一个朝着自己目标前进的人，整个世界都会给他让路。"坚持走自己的路是一种勇气，因为坚持，才能不怕失败，不会气馁，不能放弃。成功之后，回头看看，才更能明白坚持的可贵之处。

人人都爱坦然的你

人生有两种境界倘若有谁能修成，不说人见人爱花见花开，至少幸福感必然充盈心间。

一个是淡定，一个就是坦然。

如果说淡定是宠辱不惊来去随意，不为外物所左右，颇有点儿关起门来过自己的小日子的感觉，那么坦然则是当哭便哭当笑便笑何必矫揉造作，大千世界参差多态是应该的，我自直面人生的所有惨淡和欢喜。

如今已60岁的乐坛“常青树”蔡琴，其魅力所在，除了那把如同天鹅绒一般柔滑醇厚的嗓音，更可贵的就是那份坦然者无惧的性情。

1979年，22岁的蔡琴因参加了“民谣风”歌唱比赛而进入歌坛，随后便以第一张唱片里的单曲《恰似你的温柔》一炮而红。

那时候的她，说起来是真算不上美，没有会说话的大眼睛，没有樱桃般的小嘴，也没有别出心裁的妆容，整个人看上去就是一邻家勤劳朴素的女孩。然而，她仅仅就凭着一副感情充沛的好声音，撩拨了无数人的心弦，成为那个时代的民谣天后。

天后级别的人物啊，这样名利双收的人生巅峰，怕是任谁都要喜不自胜。何况蔡琴还只是普通家庭出生，父亲长年在外跑船，她作为长姐要和母亲一起照顾三个弟妹，为了两个弟弟的好前途，读高中时她还曾辍学两年……总之生活能走到这一步，平凡女孩蔡琴可谓是命运的宠儿。

1985年5月，在导演杨德昌的热烈追求下，蔡琴和他携手走入了婚姻的殿堂。当时，自是有人劝过她，认为杨德昌在事业上还没有她成功，两人没有“门当户对”。

可蔡琴说：“我迷恋他的才华，这点上我就非他不嫁。”——好吧，当事人都如此坦然不介怀了，旁人还能说什么？唯有送上祝福。尽管之后很长时间，杨德昌的收入都捉襟见肘，且绯闻满天飞，而蔡琴为了养家和成就丈夫的事业常常四处商演，无怨无悔地承受着生活的压力。

没想到，令人大跌眼镜的是，10年后，这段婚姻竟被爆料出“无性婚姻”的真相。杨德昌不仅因出轨提出离婚并在之后很快结婚生子，更在媒体前总结说“十年婚姻，一切空白”。

呃，有几个女人会在新婚后丈夫提出“为了不让感情掺入杂质所以同床但无性”这样荒唐的要求时，居然相信了同意了？这真让不相干的人都想骂蔡琴一声“傻女”。可当人们面对蔡琴泣不成声地说“十年婚姻，我不觉得是一片空白，我有全部的付出。可惜终究是，他不够爱我……”时，似乎真骂不出口鄙夷不下去，只为这个单纯爱着的傻女人心疼。

身为被辜负被欺骗的一方，如果蔡琴摆出怨恨的姿态与杨德昌对骂，可能人们不会那么心疼她。或者如果她摆出高傲的姿态表示对这个男人的不屑，以淡然的口吻说分分合合很正常，可能人们也不会那么怜惜她。

但38岁的蔡琴，明知也许会被人嘲笑轻视，她也坦言自己28岁初恋时很天真，坦言她最遗憾的不是被骗而是他不够爱她。她坦然地在观众面前流泪，坦然地告诉大家离婚后三年她痛苦到“我甚至想过第二天自己为什么要醒过来”，坦然地在2007年杨德昌患癌去世后号啕大哭，说：“如果知道他的生命如此短暂，我会早早地放他走，让他好好享受生命。”

正是因为她这份不掩饰、不做作的坦然，爱她的人不会嘲笑她的天真，不会轻视她的软弱，不会鄙夷她爱到被骗的痴傻，反而为之动容。

蔡琴在2000年时曾查出可能罹患乳腺癌，虽然最后证实肿瘤是良性的，但仍令她更为珍惜生命。她将心中对生命无常的感慨和恐惧化为积极的生命力，自此更努力地工作，在各地开演唱会把好音乐分享给爱她的人，并多次参加抗癌慈善义演。

2016年上海的演唱会上，她又一次坦然地语出惊人：“现场就是你看一场少一场——请在我活着的时候来看我的现场。”一时间，众多歌迷落泪。

严格说来，如今的蔡琴仍算不上让人眼前一亮的美女，可她身上那份岁月沉淀的魅力，真让人情不自禁地想跟着她唱：那是你的眼神，明亮又美丽，有情天地，我满心欢喜……

是啊，关于生活中的人事变幻，喜怒哀乐，当我们做不到淡定以对心静如水时，请至少要学着坦然面对。

只有自己坦然了，他人才会受此感染，以坦然的目光来正视我们，而那些流言蜚语、误会偏见也就没有了滋生的土壤。纵然一开始可能会遭受某些质疑的声音，但随着时日的增加，这份坦然必定会渐渐转化为他人由衷的喜爱。

近年来在网络上一出手就收获了近百万粉丝，且呈现出越来越红火趋势的“老树画画”，说到底凭借的也是这样一种坦然而言、坦然而活的率真与自在。

一幅幅清新唯美又充满生活情趣的古典水墨画，却搭配了一首首四分雅六分俗的打油诗，着实打破了人们一贯的审美：

“天色将晚，抱鱼上床。世间破事，去他个娘。”

“无论是闲是忙，总要看看微信。其实就是无聊，内容大多没劲。”

“天天鸡鸭鱼肉，已经不知吃啥。索性相对闲坐，但用一杯清茶。”

“有时特恨一人，就想把他干掉。过后重新想起，自己真是可笑。”

“有时想想自己，其实就一坏人。日常说话做事，却装善良斯文。”

……

也许很多人在刚接触老树的画作时，或第一次在羊年春晚被荧幕上的水墨画震撼时，想象中的老树更接近于一个隐居田园的书生形象，就像他画中那样，头戴草帽，身穿长褂，脚踏布履，或静赏乡野风光，或品茗会友，日子过得是优哉游哉——

真实情况是，原名刘树勇的老树，在1983年自南开大学毕业后，就一直在中央财经大学教中文。五十来岁的他，光头，微胖，五官平凡无奇，就人海中一平凡中年人。

而大凡坦然的人，皆是如此，他们对于生活中的得与失，起与伏，荣与辱，总是不掩饰，也不逃避，因为你我皆凡人，七情六欲都相同，犯得着犹抱琵琶半遮面吗？

心灵感悟

当年寒山问拾得说："世间谤我、欺我、辱我、笑我、轻我、贱我、恶我、骗我，我该如何自处？"拾得回答："只是忍他、让他、由他、避他、耐他、敬他、不要理他、再待几年你且看他。"人生中不如意者十之八九，坦然、超脱、放下，才能回归本真。

不生气，是一种智慧

世界上的人形形色色，生活中的事琐碎繁杂，来自各方面的压力让我们的情绪总是处于波动状态，而人与人相处时，摩擦又在所难免……可是，连自己的情绪都无法控制的话，又如何能控制人生呢？

学会不生气，才能悠然享受生活。懂得宽容的人，其内心才能充满阳光。

怒则伤肝的养生常识，人人都懂；退一步海阔天空的俗语，人人皆知；别拿他人的错误来惩罚自己，这碗心灵鸡汤估计大家都喝过。

拿破仑曾说过：“能控制好自己情绪的人，比能拿下一座城池的将军更伟大。”由此可见控制情绪之难。

可是，再难，也要去做，否则不仅自己会心无宁日，还会影响到人际关系，更甚至，毁人毁己。

2017年2月18日，在武汉火车站一家面馆发生的悲剧，其起因实在鸡零狗碎得让观众们瞠目结舌。

食客胡某和同伴吃完面后，老板姚某比餐牌上多收了一块钱。胡某生气了：明明牌子上标价是4块钱，我只给4块。

姚某没有解释，态度恶劣地说：我说几块钱一碗就几块钱，你吃得起就吃，吃不起别吃，你给老子滚。

然后，争吵，然后，开打，然后胡某打输了，跑进面馆里拿了把菜刀，砍伤了姚某，最后将他的头砍了下来，放进塑料袋扔到了垃圾桶……

整件事前后不过半个小时，却生生毁了两个人，两个家庭，仅仅是为了1块钱！

而杀人者和被杀者，在此之前，谁又是十恶不赦的呢？

老板姚某收钱其实是有理由的，标价4元的素面不提供老干妈辣椒酱，如果食客取用要多费5角钱，胡某和同伴的两碗面正好要多收1元。然而，几年前和妻子离婚，独自带着12岁的儿子生活的老板，每日忙忙碌碌，心情并不舒畅，又正逢春节刚过，店里的伙计没回来，忙得焦头烂额的他实在懒得解释。

年仅22岁的胡某和同伴背井离乡来武汉打工，刚坐了一夜火车，身体劳累加前路迷茫，心情也正不好，被老板一吼，自然怒火中烧。

两个心情糟糕的人相遇了，都不好好说话，都觉得让一步就丢了面子，非要从气势上压倒对方——

这样的场景何其熟悉？大概无论是谁，在成长过程中，在工作中，在乘车、用餐、购物等事件中，都曾经历过。区别只在于，有的人懂得适可而止，说两句就算了，至多撂下一句狠话便转了身；有的人却不懂得控制自己，任由坏情绪泛滥，继而行为失控。

的确，人有七情六欲，没有谁是圣人，没有谁时时刻刻都拥有好心情，面对出言不逊的人，我们会委屈、生气，在这个人、这件事上被伤害了，我们可能会在另一个人、另一件事上迁怒。但各种各样令人扼腕叹息的悲剧实在值得我们好好反思：在生气这种坏情绪来临时，我们要如何避免被它左右？在极致的愤怒握紧我们的心脏时，我们该怎样控制自己的行为不走向极端？

平时，我们要尽量保持心态的平和，宽容地看待周遭的人和事，将心神集中在自己的理想、爱好等更重要的人生大事上。向目标冲刺的人，自然不会将途中的小小绊脚石放在眼里，而从兴趣爱好中得到愉悦感受的人，也能很快忘记生活中那些小纷争。而如果发现自己在某一段时间总是莫名其妙地易怒，排除掉遇到坏事这些外因后，我们也要考虑是否是健康出了问题。中医指出，生活在现代都市，人们的生活压力太大，作息紊乱，所以很多人都存在因为肝气不疏而导致心情抑郁、情绪波动的情况，这时候可以适当服用如逍遥丸之类疏肝理气的中成药，或者喝一些薄荷茶、玫瑰茶来养身。

心灵感悟

不分场合、不分时间的胡乱发脾气，并不能解决问题，反而会让事情变得更糟。要想让事情能够顺利解决，就要学着如何去克制自己。当我们控制不住想要发脾气的时候，不妨先在心里默默地从一数到十，分散一下自己的注意力，也许就不那么生气了。

幸福不是天上掉下来的馅饼

每个人心中对幸福的定义都不尽相同，但不论是哪一种幸福，都不是天下掉下来的馅饼，可以凭着强烈的渴望或好运去不劳而获。想要拥有幸福的人生，我们应该首先听从内心的声音，定下生活的目标，然后努力追求、用心经营。

俄国文学大师列夫·托尔斯泰说过：“人生就是追求幸福的。”的确，任何人在其一生中所追求的无非是“幸福”二字，求名、求利、求爱情、求事业或梦想等等，都只为了成就自己对“幸福”的诠释。

什么也不做，什么也不愿付出，只坐等幸福来敲门，显然是消极且不切实际的做法。实现幸福人生的第一步，就是要了解自己，弄清楚自己喜欢什么生活、适合什么生活，接着勇敢地打开门，走出去。

全球闻名的女企业家、时代周刊集团的CEO 安·摩尔，曾对记者这样解释自己的成功：“我找对了最适合我工作的地方。成功是一种自我感觉和自我评价。我的成功来自我对自己的了解，而且明白什么对我是最重要的。清楚地了解自我，让我比别人表现得更卓著。”

1978年，安·摩尔在读完哈佛商学院的MBA后，一度面临着13份工作选择，其中，时代周刊集团和美国速递都给她发来了录用通知。

什么样的工作是好工作？仁者见仁，智者见智。但对于刚刚毕业、第一次参加工作的人来说，薪水的确是一个难以回避的问题。美国速递给安·摩尔提供的待遇最好，薪水优厚不说，还给了她一张免费的金卡；而纽约的时代周刊集团虽然是全球最大的杂志集团，旗下有《时代》杂志、《人物》杂志、《体育画报》等，却13家公司中给出的薪水和职位都是最低的。

安·摩尔当时面对着不小的经济压力，需要偿还许多助学贷款，同时同学们大多都是高薪高职，她若选得不好，显然很没有面子。两相对照，美国速递占据优势，她的朋友们也都建议她不要错过好机会，然而安·摩尔在反复对比思考后，终究听从了内心对杂志行业的热爱，选择进入时代集团。

自此，安·摩尔从一名普通员工做起，开始了为梦想而奋斗，并且一干就是二十多年。期间，《人物》杂志因为她而变成了美国最受欢迎的杂志之一，发行量和收入都翻了三番，最大发行量达到800万，其中80%为订阅户。二十多年来，无论是低薪低职时，还是大放异彩而被人高薪挖角时，她都不改初

衷，最终凭借着23年的出色工作，成为时代集团的CEO。

值得一提的是，在事业上取得巨大成功的安·摩尔，并非是很多人误以为的那种工作狂或冷美人，她从没有因为工作忙碌就忽略对爱情和家庭的经营。最初，她选择到纽约工作，就是为了不再与男友分隔两地，24岁时她便结婚了，直到35岁生子，期间和先生的感情一直很稳定。而为了更好地照顾家人，她选择住在婆婆家的隔壁，而孩子出生之后，她也尽力做一个好母亲，从不以忙于事业为借口疏忽对孩子的陪伴。记者曾问她为何只要一个孩子时，她回答说："两个孩子所带来的压力，可不只是带一个孩子的2倍，3个孩子的压力就更是幂指数增长了，所以我只要一个。"

"杂志女皇" 安·摩尔能迎来事业和家庭双丰收的幸福，

凭借的当然不只是好运，而是她始终勇敢地追求着自己的向往，并愿意为之付出不懈的努力。正是基于这份清醒的自我认知和对人生的冷静规划，从她放弃高薪厚职选择进入时代周刊做一名小员工开始，她就已经迈上了跻身幸福宫殿的台阶。

“虽然有许多助学贷款要还，但我还是选择了这份工作，因为我喜欢杂志。当时我的同学没有一个人理解我为什么会这样做，但25年后我们再次重聚的时候，他们彻底明白了。”许多年后，安·摩尔终于可以大声地肯定自己当初的选择。

这份肯定很重要，因为每个人都需要这种梦想的成功来让幸福感升级。可同时，这份肯定并不是最重要的，因为一个人在走向梦想的那一刻，在为完成心中目标而努力的过程中，幸福感早已伴随左右。

然而，令人遗憾的是，滚滚红尘中几番起伏，许多人不知不觉便迷失了方向，丢失了初心，有意或无意间给“幸福”加上了层层桎梏，比如虚荣心、名利心。这些额外添加的不应存在的束缚，正是他们即使与幸福相伴也找不到愉悦感的原因所在。

如果你衣食无缺生活平静却总是感到不开心，如果你事业有成家庭安稳却仍觉得不幸福，那么你应该停下匆匆的脚步，认真审视自己的内心了。然后，或调整心态，或重定人生目标。

在辽宁西部的小城朝阳市有一个姑娘，便有着为了幸福当舍则舍的勇敢和果断。

她叫雨晴，曾是一家事业单位的编制人员，工作稳定，待遇优厚，以世俗观念来说，她当时的生活可谓现世安稳、岁月静好。但这样的铁饭碗却阻挡不了她想当电台主播的心愿，于是她在确定目标后毅然辞职，去了当地的一家小电台工作。

“那时，我没接受过任何专业训练，只是我读书唱歌的时候，老有人跟我说，我的声音好像有灵魂，听了之后总有想哭的冲动。我就想，我是不是在这方面有些天赋。”

周围人的嘲讽和质疑自不用说，而新工作的工资少了一大半，一切也都要从头学起，雨晴却觉得干劲十足，在真心喜爱的行当里体验到了极大的满足感。没多久，她便成了小城里最红的电台主持人。

后来有一天，她去北京出差时，于出租车里听到了北京某电台的一档节目，她顿时觉得又找到了新的挑战目标。为了成为北京这家知名电台的一员，她再次一意孤行，放弃了家乡已经小有成就的电台工作，来到中央戏剧学院导演系进修。那几年，她努力提升着自己，练声音、写剧本、写影评……天赋加上努力，她在毕业后如愿加入了那家电台。

接下来的六年时间，她一步一步升任到节目二部的主任一职，采访过许多名人，制作了许多好节目，其中包括以她的名字命名的《雨晴有约》。那时，她经常工作到凌晨三四点钟，然后在录音室蹭到天亮才回家。

可渐渐地，难以言说的惶惑和疲累感将她包围了，城市的繁华、事业的辉煌，似乎都填补不了她内心的某个空洞。

“我采访了许多成功人物，当我用心感受他们的时候，感到很多人丢失了生命最厚重的东西，这样的人是真的成功吗？我不认为。”“做一件自己热爱的事情，不是为了获得别人的肯定，如果做，就只为自己的心，跟功名利禄扯不上一毛钱关系。”

此后12年，雨晴的生活重归平凡、简单。每一天，她带着孩子们学表演，时而欢笑打闹，时而涕泪涟涟。不用上课时，她便尽情享受一切生活中的小趣味，看书、看电影、喝茶、游泳、自己动手做衣服……

幸福在每个人心里，在人生的每个阶段，都有不同的解读，它需要我们用心品味，更需要我们勇敢追求。而听从内心的声音，当追时追，当舍时舍，忠于自己，不为外物所牵绊，才能让幸福的太阳长久停驻。

心灵感悟

生活中我们总是会为荡气回肠的爱情所感动，为拯救世界的英雄而喝彩，为生活中发生的各类事件去发声，但是这些都不属于我们。只有实实在在的生活和柴米油盐间透出的丝丝平淡，才是我们愿意为之去努力奋斗的方向。

简简单单，开心自来

简单，是人生的智慧，是生活的技巧，是开心快乐的不二法门。对于人生路上的风风雨雨、泥泞坎坷，对于琐碎繁杂的日常事务，我们不妨以简驭繁，用四两拨千斤的技巧，让负重及时卸下，让生活井然有序，让心灵回复到简单澄净的状态。

孩子的笑容常常让成年后的我们欣羡不已，若究其缘由，大概人人都能很快给出答案：因为他们的生活简单、心思简单。

孩子的生活简单吗？其实那是大人们的想当然。他们也要适应父母、老师给予的规则，也要面对形形色色同学间的相处，也要面对学业的压力，而他们的玩乐也从未随心所欲，要在大人的允许下“偷得浮生半日闲”……

若再仔细观察一番，其实很容易就能发现，有的孩子成天乐呵呵的，有的孩子也总是愁眉苦脸。

可见，心思简单才是开心的窍门。

有这样一个故事，说从前有一个年轻人总觉得自己不够快乐，因此他背着行囊，跋涉千里，找到了一位著名的大师，向他询问快乐的方法。“大师，我总是感到孤独、痛苦和寂寞，我走了太长的路，鞋子磨破了，脚也被荆棘扎伤了，可我就是找不到快乐的方法，您能帮帮我吗？”

大师听了，便问他：“你那个大背囊看起来很重，里面装了些什么？”

年轻人回答说：“它对我来说非常重要，因为里面装着我每一次伤心时流下的泪水，每一次难过时的叹息，每一次跌倒时的疼痛……我舍不得扔下它们，便一直带在身上来见您。”

大师说：“那现在你已经见到我了，可以将它们丢掉了。”

“可是，大师，这些都是我的经历啊，我舍不得扔。”

大师于是将年轻人带到河边，与他一起坐船过河。上岸后，大师说：“现在，你将船扛上，我们再继续赶路吧！”

年轻人大惊失色：“什么？扛上船赶路？大师您是在开玩笑吧，船那么沉，我扛不动啊，扛着它我还怎么走路？”

大师微笑道：“是啊，所以你不是很明白吗？过河时，船是有用的。但过了河，我们就要舍下船才能轻装上路，不然它就是我们的包袱。同样，你行囊里的那些痛苦、孤独、灾难、和眼泪，已经陪了你一路，现在既然你已经见到了我，就该将它们放下了。”

闻言，年轻人明白了：“原来这么简单啊！”

是的，快乐的秘诀就是简单。无论是谁，都要面对生活中的琐事繁杂，面对漫长人生路上不断在添加的辛苦与不如意，如果不能及时地给自己减压，放下那些不必要的“行李”，我们的心灵空间里又哪里还放得下快乐呢？

想要让心思简单起来，拥抱更多的开心瞬间，不仅是一路行来时所承受的磨难需要放下，那些人生的悲欢离合所带给思维的困扰亦需要放下，以童心看世界，方能轻轻松松地想笑就笑，想哭，就在哭完后抹干眼泪继续迎接欢笑！

当然，找回童心，回归简单，确实是说来容易，要做到，除了思维方式的转换之外，还得在日常生活中运用一定的技巧。

心灵感悟

人要学会知足常乐，宽容大度，不要什么事情都想得很复杂，简单的生活才最幸福。生气、抱怨往往会给心灵附上枷锁，时间长了就会怨天尤人。要学会定期清理自己的记忆，将烦恼删除，快乐留下。

在不安的世界里，
安之若素

文字编辑：卢雅凝
美术编辑：张鹤飞 刘晓东
插图绘制：邹妮丽